Disrupt Aging

被延长的中年

如何自主、有尊严地度过你的后半生？

美国退休者协会CEO〔美〕乔·安·詹金斯　博·沃克曼 著
50+ 编译组 译

华夏出版社
HUAXIA PUBLISHING HOUSE

图书在版编目（CIP）数据

被延长的中年/（美）乔·安·詹金斯（Jo Ann Jenkins）著；50+编译组译.--北京：华夏出版社，2018.6（2022.3 重印）

书名原文：Disrupt Aging

ISBN 978-7-5080-9482-3

Ⅰ.①被… Ⅱ.①乔… ②5… Ⅲ.①老年人－人生哲学－通俗读物 Ⅳ.①B821-49

中国版本图书馆 CIP 数据核字（2018）第 076980 号

Copyright © 2016, 2018 by the American Association of Retired People
Simplified Chinese translation copyright © 2018 by Huaxia Publishing House
This edition published by arrangement with W.W.Norton&Company,Inc.through Bardon-Chinese Media Agency
ALL RIGHTS RESERVED

版权所有 翻印必究
北京市版权局著作权合同登记号：图字 01-2017-1377 号

被延长的中年

作　　者	[美]乔·安·詹金斯
译　　者	50+编译组
责任编辑	朱　悦
特约编辑	聂彩霞　刘　洋
责任印制	刘　洋

出版发行	华夏出版社有限公司
经　　销	新华书店
印　　刷	三河市少明印务有限公司
装　　订	三河市少明印务有限公司
版　　次	2018 年 6 月北京第 1 版　2022 年 3 月北京第 2 次印刷
开　　本	710×1000　1/16 开
印　　张	16.5
字　　数	163 千字
定　　价	59.00 元

华夏出版社有限公司
网址：www.hxph.com.cn 地址：北京市东直门外香河园北里4号 邮编：100028
若发现本版图书有印装质量问题，请与我社营销中心联系调换。电话：（010）64663331（转）

献给我的孩子——克里斯蒂安和妮可
是他们启发我设计百岁人生,
而他们也将成长并选择自己的生活。

目录 contents

前　言　为何要设计你的后半生？ /1

第一章　老龄新常态：被延长的中年 /1

　　寿命更长，生活更美好 /4

　　重塑我们的人生进程 /6

　　被延长的中年 /9

　　向老而生的新事实 /11

　　无论什么，都是生活 /12

　　不是所有人都能长寿 /14

　　"长寿经济"的主力军 /16

　　老龄化的新商机 /19

　　我们对老龄的看法与现实并不相称 /22

　　这一切意味着什么 /23

第二章　对抗年龄歧视，而非年龄本身 /25

　　消除年龄歧视 /30

　　年过 50 到底意味着什么 /37

　　别让"什么年龄就什么样"束缚自己 /43

　　行动起来 /46

第三章　设计你的后半生 /49

　　中年危机，其实是另一段人生旅途的开始 /54

　　后半生真正重要的事就是追求幸福 /59

　　帮助他人选择他们想要的生活 /62

问问自己："接下来的人生会怎样？" /70

什么才是美好人生？ /73

行动起来 /74

第四章 把控你的健康 /77

预防比治疗更重要 /82

一个关于健康的新方案 /94

行动起来 /106

第五章 选择你的住处 /111

重新装修我们的房子 /120

选择你居住的社区和邻居 /123

在家养老的各种可能性 /127

种类多样的新型养老社区 /132

行动起来 /140

第六章 怎样为未来存足够多的钱？ /145

面对变老，其实我们都未攒下足够多的钱 /147

了解自己的财务状况，规划未来生活 /150

获取弹性财务的新模式 /157

怎么赚到更多的钱？ /161

守住你的钱袋 /167

行动起来 /171

第七章 50岁以后，如何找一份新工作？ /175

50+ 劳动力的回归是必然趋势 /177

改善工作条件以适应年长员工，有百益而无一害 /186

和年轻人一起工作，效率更高 /191

行动起来 /200

第八章　新式老年生活 /203

老年人的四大自由 /206

附　录　一起破除陈规：写给所有与老年相关的政府机构、商业和社会团体 /211

保持健康需要面对的问题 /213

社会保障需要注意的方面 /220

打破成见，与各种障碍做斗争 /232

制造年长者回馈社会的机会 /233

链　接 /239

致　谢 /243

前 言
为何要设计你的后半生？

人人都希望长寿，但少有人关心如何变老。

——安迪·鲁尼

对我而言，这一次的生日可不一般，因为它是我第50个生日。当我和先生弗兰克来到美国弗吉尼亚州泰森斯角大型购物中心，走进丽思卡尔顿酒店漂亮的大厅时，我感觉有些焦虑，甚至还有些紧张。这一次，我把安排晚餐的事交给了弗兰克，而通常我不会这么做。

服务生引着我俩穿过大厅，向最里面走去。将我们领到紧挨着厨房门口的一张小桌后，服务生一脸歉意地对我们说："这两天的预订有些紧张。"

看到这个位置，我不得不承认，自己心里有些不悦。"真是不错，"我腹诽道，"老公带我来这么有格调的饭店享用生日晚餐，却要一晚上忍受厨房传出的乒乓声还有服务生在身边不停地进进出出。"

尽管要坐在酒店的厨房门口用餐，但有先生的陪伴似乎也不错。这么一想，我的心情才略微好转。就在我好不容易说服自己接受现实后,服务生又走了回来,告诉我们说他弄错了预定,我们的位置其实是另外一个包间。于是,我们又起身,随他穿过餐厅来到一个房间门外。门一打开,看清房内情况的我又惊又喜。这间房间里坐着三十多人,都是我的好友、同事以及孩子。除了我的女儿妮可,就连儿子克里斯蒂安也被弗兰克从学校叫了回来。

那个晚上我们都非常开心,亲朋们也非常骄傲,因为他们瞒着我制造了这个大惊喜。我坐在那儿跟他们聊天时,心里只有一个想法:

人生如此,夫复何求。

我将大家送给我的生日贺卡一一打开,读着卡片上各式各样的祝福。譬如:"50岁快乐——你现在也算是爬到山顶上的人了!""欢迎加入'山顶族'——50岁生日快乐""你要相信,你没有失去魅力,只是不再经常使用罢了""人到50,无须担心。你尚在绽放,并未到无花之时。50岁生日快乐!"

我以前觉得,写着祝福语的生日贺卡不过是迈入50岁仪式中的一部分,所以从未过多关注这些标准祝福语。平日里,我们也常常会和好友拿彼此的年纪开些无伤大雅的玩笑,说谁谁谁你老了。

可当自己收到写着这类标准祝福语的贺卡时,嗯,我还是得承认,一时之间的确有点难以适应,甚至在生日后好几天都没适应过来。

我一直觉得人到50挺好,特别是有朋友和家人与自己一起庆祝人生中这么美好的时刻。可在读着生日贺卡上的那些祝福语时,我心中隐隐感受到有一种微妙的氛围不知不觉萦绕在身边。这种氛围让我和大部分同龄人都感到不舒服。我从不认为年届50的自己已垂垂老矣，也没觉得自己各方面已开始走下坡路。我只是单纯地觉得自己已经站在了人生的山顶而已。我觉得自己眼下的状态挺好，而且还盘算着怎么享受以后的生活。说实话，我甚至考虑是不是再翻一座山。我知道，这种想法并不止我一个人有。事实上，当时在房间里为我过生日的那些人中，有些人早已年过半百。他们在年过50后仍办成了不少事，譬如开公司、为自己设定新目标、去找寻新激情或重拾旧梦。没有谁因为年过50就让自己的人生从此减速。

身处这样的圈子，我自然早就决定不会让自己被年龄所困，就像我不希望旁人用种族、性别或收入来判断我能做什么一样。我希望人们是根据"我是谁"来判断我这个人，而非用我的年龄。我也不许任何人用"什么年龄干什么事"这种老话来限制我。当下的人生足够美好，我猜你也会这么觉得。与其墨守成规，为变老而追悔不已或者拒不承认自己上了岁数，不如面对现实，接受自己的年纪，然后充分利用它。这样的心态才会更积极，不是吗？

过完了50岁生日，怀着对未来新的期许，我下定决心把握时间，走自己想走的路。那时的我还不知道，未来的某一天自己会辞去美国国会图书馆首席运营官的位子，转而加入美国退休者协会；更不会知道从事协会工作不仅让我改变了自己的人生，也影响了他人。机遇，总是不期而遇。

当然，我也承认，任何改变都不容易。在社会观念和人们的自身观念中，许多关于人到中年的负面认识，是根深蒂固且难以克服的。正因如此，大部分人都不敢去尝试。他们要么直接认命，然后不断在心中强化这种负面印象；要么拒绝面对衰老，竭尽所能去做各种所谓"延缓衰老"的事情。

我要告诉大家，改变能带给你想象不到的满足感。当我决定离开国会图书馆加入退休者协会时，很多人都非常不理解我的行为。他们不理解我为何要在52岁时还投身于完全陌生的领域，开启有别于过去的新事业。他们困惑于我居然辞去自己喜爱且擅长的工作，而我吃惊于他们会有这样的困惑。然而，对我而言，开拓创新意义深远。

其实，这只是我在迈入50岁后的五年计划中的第二步。一直以来，我都希望可以运营一个非营利组织。只是在以前，我从未想过自己居然能进入像退休者协会这样有意义的组织，还可以逐步成为这个在全球都名列前茅的大协会的首席执行官。现在，我每一次回头看自己走过的路，都觉得应验了那句话——"不忘初心，方得始终"。以前的我，万万没想到，自己有一天能够改变对年龄的看法，还进而影响了许多人。因此，一想到如果美国人都能像我们一样重新看待衰老问题，那么很多人的人生可能会发生积极转变的时候，我自己都惊呆了。要知道，我唯一一次仔细琢磨自己的年龄问题，还是申请加入退休者协会之时担心自己

前　言　为何要设计你的后半生？

不够老而不够资格！

人类之所以伟大，原因之一是我们有能力让自己这一辈子活得更长久、更健康，收获更多。衰老，是人生中不得不面对的一大问题。每个人都希望自己长寿，同时也惧怕走向衰老。到了一定年纪，在人们眼中，岁数增加不再是成就，更像是一大难题。这是一个处处歌颂年轻多么美好的世界，而人们又被不得不老去的现实步步紧逼。值得庆幸的是，这种局面如今正在发生飞速且戏剧性的转变。

正是基于以上种种，2014年9月我担任退休者协会首席执行官后，便开始致力于"设计你的后半生"这一新观念。美国国内早已有群体开始想要扭转大众看待衰老的观念。在他们的帮助下，我们协会开展了一个庞大且持续扩大的运动，来推行我们所提倡的关于衰老的新观念。这个新观念事关每一个人的生活，却与年龄无关。

相信很多人都在电视和杂志上见过这种广告："50岁，是新的三十而立。""60岁，是新的四十不惑。"尽管这听起来给人感觉很好，但作为一个年逾50的人，我并不同意这种观点。50岁就是新的50岁。作为其中一员，我喜欢50岁本身的样子。

无论怎么努力，我们都无法返老还童，都不能再回到过去。但是，如今我们可以重新定义年龄意味着什么，说实在话，我并不想再回到30岁。尽管有时候我会希望自己看起来像30岁，或者给人的感觉像30岁，可我并不希望真的重回30岁。因为岁月带给我的经验和智慧使我受益良多，我不愿用它们做任何交换。

在今天，年过50之后，人们会有自己需要面对的特有挑战及与三四十岁的人不同的目标。我们处在一个有别于以往的环境里，也被有别于以往的事物驱动着。我们人生经历中的高潮低谷，就是所谓的人生经验，构成了我们观察世界的镜片。我们从人生经验中汲取的智慧，散发着知我何所存、明我何所愿后的泰然。

通过在退休者协会服务的这些年，我确信，越来越多年过50的人想要向身边人表达一种态度。这种态度是：我们就爱现在；我们对未来充满期待；我们不会随着时间的流逝留恋过去；随着技术进步，我们能以更有意义的方式与更多人接触；尽管我们必须把自己奉献给家庭和工作，但我们可以也必须兼顾个人的发展。

我们是给予关怀的人，无论是作为照料年迈父母的成年子女，还是作为养育孩子的家长，抑或作为看顾孙辈的祖父母。不仅如此，我们还是志愿者和慈善家，是社区的领导者，是教会的义工，是邻里朋友的帮手。

在美国，我们这代人，是从事制造业等实业的一代人，有着不息的热情，在衰老之时还能探索自己的潜能，为我们所得而庆贺。我们努力寻找机遇，一旦发现便抓住不放。

现在，年过50的人们仍愿意在生活中表达自己积极进取的态度。这份实实在在的乐观、这份活出自我的期许，可以创造不凡，改变世界。我所看到的一切，都使我确信，人生所有的经历都有其价值，任何人的潜能都不应被年龄所限。

不可否认，人到中年后，每天都要面对许多实实在在的挑战。很多人甚至还要为生活基本所需而忙碌，如健康、财务及照顾家庭。但他们仍希望不会被这些挑战限制或被打败，想找回属于自己的机会。

正因为如此，我们才需要重新设计人生轨道，帮助人们最大限度地挖掘自身潜能，去迎接他们的挑战，去拥抱属于他们的机会。这就要求我们改变看待年龄的角度，摒弃对某些事物的恐惧，将目光放得更长远。

2015年，为了深入了解美国人看待衰老的最新态度与观点，美国退休者协会与另外六家老龄组织开展合作调研。经过调研，我们总结出了美国大众心目中较为理想的老年模式。美国人希望自己进入老年后，仍然能够自给自足，保持活力，和家人朋友保持亲密关系，生活愉快。但时至今日，老年人往往还是会遇到主流文化观点的屏障。因为如今关于衰老的主流观点，还是认为变老是个衰退的过程。它认为老年人潜能减退，依赖性强，与家庭疏离，且对电子产品一窍不通。

我们在调查报告中总结道："这种根深蒂固的负面认识，将变老这件事变得令人惧怕，使人对此感到抗拒，让人无法坦然接受这个过程，更遑论有能力面对衰老给个人和社会带来新的机遇与挑战。"

这类负面认识会束缚人的思维、心态，造成非常严重的负面影响。许多人往往会借由这种固有印象来宽慰自己，逃避面对挑战，最后造成了社会上流行衰老宿命论的现状。

从现在开始，让我们一起改变心态吧。改变了心态，你就很有可能改变现实。我们可以从个人和社会都亟待改变的三个方面开始着手：健康、财富以及自身。

首先，我们需要开始把注意力集中于身心是否健康而非身体功能是否衰退，着眼于预防疾病及提高幸福感，而不仅仅是治疗疾病。我们应帮助人们感受到他们其实可以成为积极保健的人，而非只能依赖他人的病人。

其次，我们也需要正确地认识到，所谓的财富并不意味着如梦想中那样生活富裕无忧，而指的是合理利用现有财富获得财务弹性。能获得与年龄匹配的适当职位，会让老年人变得活跃且忙碌，他们不仅不会变成社会负担，反而可能成为有助于经济腾飞的一股潜在力量。他们不再只是消耗社会资源，而会成为推动经济增长、推进创新并产生新价值观的重要引擎。

可喜的是，如今美国大中型企业和零售业终于开始将老年人群体视为新型贡献人群，而非不得不承受的财政负担。这也是因为未经开发的资源与社会经济创新驱动了商品与服务市场的增长。

最后，我们最应当做的就是，改变我们看待自己的方式，将心中"年龄增长就意味着衰退"的想法扭转为"岁月积累会带来持续的成长"。许多老年人常常觉得自己被生活抛弃了。事实恰恰相反，岁月积累更有助于一个人树立目标并建立起积极的自我形象。这个目标就是要在步入老年后重获信心，把自己视为社会中的组成部分，而非孤立于社会之外。

前　言　为何要设计你的后半生？

我写这本书的目的，就是要帮助人们实现这个目标。通过关注健康、财富及自身，我们可以用设计你的后半生的观念慢慢转变人们对衰老的心态。年龄增长，便意味着我们已经发生了改变。因此，每一个人清楚认识自己的今日处境尤为重要，这样可以明晰目的，懂得把握眼下难得的机遇，利用自身优势改善自己的生活。在后面的章节中，我还会向大家详细说说我的故事。

在探讨设计你的后半生的过程当中，你将看到三个主题贯穿始终。首先，我们是无法独自完成这件事的，我们得带动整个社会。在任何层面我们都离不开政府的公共作用，离不开商业与社会团体的个体作用，以及我们自身的作用与责任。其次，创新不只是在产品与服务的概念上，更重要的是在社会结构和程序上。这一点，无论对个人还是对社会，都至关重要。最后，所有年龄层及各个年代的人群都需要参与进来，才能带来改变。

我希望本书能给人们带来新的启发，进而让关于老年人群体的讨论发生本质改变。幸运的是，我已经看到这场运动在美国方兴未艾。现在，美国婴儿潮一代大部分已年届50。他们每天都在努力阻挡衰老到来的脚步，正如他们在各个年龄阶段为自身目标付出的努力。千禧一代也在以自己的方式阻断衰老，在职业生涯中寻找工作与生活之间的平衡，向世界展示共享经济和共享社区模式所带来的利益。在本书中，您将会看到在设计我们的后半生之路上已经有所成就的先驱者。我希望你和我一样，也能从中获得启发。

被延长的中年

我们生活在一个激动人心的时代。大部分即将年过50的人都期待着再享受三十几年的生活。三十多年，比童年到青年这一阶段还要长；对许多人而言，甚至还要超过他们工作的年头。

我相信，我们能够创造一个让人们随着老去而接触到更多关爱、更多信息的社会。这个社会让所有老人都能独立而有尊严地享受着一份健康生活所需的服务；能有相应的资金和机会支撑老人对长寿的预期；同时，它也将老人视为不可或缺且鼓舞人心的社会资源。

马娅·安杰卢[1]曾说："在50岁以后，我们每个人都会成为自己想要成为的样子。"我十分赞同这个说法。我相信，年龄与经历会拓宽每一个社会成员人生中的可能性。

当成功设计了你的后半生，接受年龄的累积是生命带领人们追随期待的一段旅程时，我们将会为心中向往的生活开启新的探索，寻找现实中的可能。我期待，你能随我一起加入到这段旅程中来。

---

[1] 译者按：美国非洲裔女作家。

chapter 1 第一章

老龄新常态：被延长的中年

上了岁数并非就"丢了青春"，而是充满机遇和展现勇气的新舞台。

——贝蒂·弗里丹

美国正在走向老龄化，这是一个毋庸置疑的问题，也是美国社会在转型中要面临的时代问题。这个问题影响着美国社会的各个方面，如经济、就业、教育、文化以及社区服务。如果说，出生于婴儿潮的那代美国人重新定义了 20 世纪 50 年代到 70 年代的美国式生活，那么，现在进入老龄阶段的这一代将重新塑造美国人在 21 世纪前 30 年的生活和工作方式。

比起古人，现代人有了更长的寿命、更好的生活质量。回想 200 年前，许多人的祖先终日忙碌，仍只能在温饱线上挣扎。农民和铁匠、鞋匠等小手工业者都只能辛苦劳作、勉强为生。一旦患上糖尿病,这些人中的大多数可能会失明,甚至早逝。如果中年时视力出现减退,他们就再也看不清东西。一旦出现了传染病,哪怕是在今天来说很容易控制的普通传染病,也可能会轻易要了很多人的命。在以前那个时代,许多人拼了命想要吃顿饱饭,对他们来说,肉类是奢侈品。而现在,人们一个劲地想法儿减少能量摄入,就为了能够减肥。

世界已经有了显著的进步,大多数现代人,比一个世纪以前的有权有势之人,都享有更加健康、长久的人生。除非是遭遇类似21世纪初那些意外灾难,否则这个世界中的大部分人,都可以像当代发达国家的中产阶级一样,享受到更加健康长久的人生。

在过去200年里,人类所经历的进步是前所未有的。这种空前的进步取决于两个主要因素。

一、这是第一个将技术与物质利益普惠于大众的时代。在过去,这种物质利益只能惠及社会中仅占5%~10%的富裕阶级。

二、广泛传播信息、知识和智慧的机制已经建立起来了。第一次世界大战后,纸张短缺和被削弱了购买力的中产阶级使得信息的传播成了欧洲的一大难题。如今,通过电视、大众媒体等媒介,信息得以在社会各阶层以难以置信的速度传播。2015年,全世界有23%的人能使用互联网查询自己想要获得的资讯。到2020年,这个数字预计会增长到66%(大约50亿人)。在美国,任何人只要想上网,他都可以做到。

第一章　老龄新常态：被延长的中年

这是个不可思议的时代。在美国，上一代人的平均寿命就已经达到了70岁。1900年以前，人类平均寿命平均每年延长3天；而1900年以后，人类平均寿命平均每年增长110天。进入21世纪，人类平均寿命每一次延长更是以年来计，超过了此前历史之和。

1900年时，人的平均寿命是47岁，现在则是78岁。就算你已经65岁，生命还有13年甚至更长的时间。

有史以来，长寿第一次成为不再罕见的事件。如果你现在50岁，后面还有一半的人生路。而在现在出生的人中，约一半有机会活到100岁。到2030年，美国超过65岁的人口将逾7100万，占人口总数的20%。而85岁以上的人群将成为人数增长最快的年龄组。到2040年，美国60岁以上的人口数将首次超过儿童人口数。这种长寿新态是20世纪以来最成功的故事之一。

被延长的中年

寿命更长，生活更美好

在21世纪，我们不仅仅寿命比前人更长，生活条件也会比前人更好。老年人不再处于生理和心理状况都在下滑的生命末端，大多数情况下，他们可以享受健康而丰富的生活很多年。这种"健康向老"的说法曾被认为是自相矛盾的。20世纪初，肺结核、天花、白喉、破伤风等急性传染病占所有死亡病例的80%。到20世纪70年代，由这些疾病引起的死亡率减少了99%，而与此同时，慢性病（如心脏病、脑中风、糖尿病及癌症）成了致死率增高的主要疾病。

医学的进步已经极大地延长了此类患者的寿命。同时，针对这些疾病更有效的治疗方法也在继续研发中。很多人还是认为，医学界的努力也只不过是依靠治疗技术让患者多活上几年而已，并非康复。当然，这也是个不争的事实，尽管医疗和公共卫生的完善可以延长人们的平均寿命，但终究不能阻止慢性病病发之日的到来。

1978年后，斯坦福大学医学教授詹姆斯·弗里斯医生提出，如果可以缩短慢性病发作或生活无法自理后到死亡之间的时间段，就能缩短患者受罪的时间，让患者能享受更久健康安乐的人生，让个人生活和社会都能从中受益。这种被他称为"压缩病发"的理论,彻底改变了老龄的概念。与其坐以待毙,不如将注意力放在如何延缓衰老上,通过预防疾病、改变生活方式以及改善健康来推迟慢性病的病发时间。

人们开始健身,参加健身俱乐部,组建徒步队伍。食物营养研究也得到了空前发展,每周推荐的健康食谱似乎都在变换花样;心理自助书籍充斥了各大书店,告诉人们要"与衰老一战到底";与此同时,公共卫生部门提倡戒烟,提升疾病防控措施,鼓励大众进行体检,如乳腺癌筛查等。种种措施都是在帮助人们生活得更加健康长久。医疗保健方面的创新,如关节替换以及更好地控制糖尿病的方法,也使人们的健康生活得到了进一步提升。

将延长生命与缩短病发相结合,意味着人们在进入老年期前的生活方式正在被重塑,也将给数百万人带去改变。人们平均寿命大幅增长,美国又恰被婴儿潮一代庞大的人口放大了效应,进而打破了美国社会传统的人口结构。

传统的人口结构类似三角形,底部是数量最多的年轻人,随着年龄增长,越往上人口数量随之减少。如今,这个三角形逐渐变为长方形,甚至有向倒三角形转变的趋势,结构上部的人口逐渐超过下部。

老龄化已是当今社会的新常态,这种变化不仅意味着人类平均寿命的改变,更是人们生活方式的转变,并且将永久改变人类人生阶段的进程。

重塑我们的人生进程

人口结构这种巨大改变在人类社会中极其罕见。

人类一直随着时代的推进，进一步或重新定义人生的各个阶段。18世纪后叶，人类创造了"童年"这个概念。一个孩子的童年，一直延续到他被看成是个小大人。当男孩参加工作或者结婚时，他就被视为成年人。因为在当时，人们的认识就是，一个人如果能够胜任成年人的工作，那他自然就是一个成年人了；如果他无法工作，就仍是一个孩子。"童年"和"成年人"之间没有过渡。进入20世纪后，伴随着高中和现代少年概念的产生，"青年"一词才诞生。直到20世纪五六十年代，"退休"才作为人生中新的阶段为人所知。

第二次世界大战之后的几年，老年人被视为美国社会中的一大难题，老年群体在当时被忽视的程度超越了其他任何一类群体。前劳工领袖沃尔特·路透曾描述退休与去世之间的那段时期为"花甲不胜劳，芳年不及逝"。很多人到了这个年纪开始失去自我，不知道要干些什么，社会也不再需要他们了。

到了20世纪50年代，随着社会的发展，这种人生阶段被定义为"退休"。从此，老年人的生活境况开始发生改变，这是美国因婴儿潮一代诞生所带来的人口结构巨变的时刻。私人投资、公共政策以及个人责任从此联动起来，通过创建社会基础设施来支撑和维系被打破的人口结构。国家在教师进修、学校、住房、高速公路等设施的建设以及公共卫生等方面进行投资，以应对老龄化问题。政府组建了卫生、教育等职能部门，并打造了州际公路系统。美国军人权利法案的出台使得成百上千的退伍军人获得了教育，并因此得到了不错的工作。美国家庭开始了新的生活方式——郊区生活。美国政府加大了科研投入，请美国最好的科学家和医生研发针对儿童疾病的疫苗和药剂。像小儿麻痹症这种折磨着成千上万新生儿的疾病，从此得到了有效抑制。水痘疫苗、麻疹疫苗以及流行性腮腺炎都列入了儿童常规预防接种清单中。企业面向儿童和家庭投放的新产品与服务淹没了市场。与此同时，美国退休者协会这种非营利组织开始倡导维护老年人权益，推广老年人丰富生活的理念。随着退休概念的不断普及，以及人口结构与文化的变迁，老年阶段给人的印象逐渐从毫无生气向令人期待转变。

随着社会财富的积累，美国社会各阶层都感受到了随之而来的好处，其中包括老年人。

美国社会保障部门开始能为越来越多的人提供退休金。1965年，为了确保美国老年人能获得基础的卫生保健，老年和残障健康保险问世。接着，医疗保险和医疗补助诞生了，以保护和扶持贫困人口。美国养老保险金覆盖的人数从1950年的1030万人稳步提升至 1970 年的 3500 万人。到 1980 年，美国 28% 的劳动力都被纳入了定额福利养老金计划。

不久之后，老年人生活社区逐步出现，有了像"太阳城"和"休闲世界"这样的社区。过去被认为是地狱一般的晚年，正在变成人们口中的"黄金岁月"。一个休闲的退休生活，开始成为对人生最好的回报。人们甚至觉得，能够越早过上休闲的退休生活越好。对于许多人而言，顺利退休成为成功的终极象征。

眼下，美国社会正在经历像婴儿潮时期一样的又一次人口失衡。数百万正处于 50~70 岁这个年龄阶段的人，拥有着更长久、更健康、更丰富多彩的未来生活。他们开始清醒审视这种长寿新状态，尝试去了解生活的真谛，并创造一个新的生命旅程。

第一章　老龄新常态：被延长的中年

被延长的中年

到了今天，无论生日贺卡上写着什么样的祝福语，50岁生日都不意味着一个人开始走上衰老这条下坡路。相反，50岁标志着一段新时期的开始，它是先祖不能拥有的中年时期的延续。这是人们开始想要活得更久的时刻，想要更好的生活，拥有更充满活力的生活方式。

人们开始为新的人生阶段下定义，称之为"第三乐章""机遇一族"或"返场舞台"。而我，只想简单地称之为中年的延伸。现在看来，这个阶段才是人们有自由和机会，可以随心所欲的时候。

到了这个年纪，人们不想再被年龄所限定，相信人生经验中蕴含着巨大的价值，也不希望生活在年老后机会受限的害怕当中，仍有改变这个世界的想法。得益于良好卫生条件所带来的健康身体和延长的平均寿命，人们还有很多年的时间可以放手去尝试自己想做的事情。

2014年9月，我有机会参加了奥普拉脱口秀"你想要的人生"环节。当奥普拉站在舞台之上，以自己白手起家的故事鼓舞观众之时，我看到了她的人生。奥普拉淋漓尽致地展现了对美好生活的渴求，这对每一个人都有启发。无论什么年龄，人们都应该实现更多的梦想，做更伟大的事。我侧身对我的同事说："看看，就连奥普拉都还在向更高的目标奋斗着。"奥普拉如今已有了普通人无法企及的名望、财富和影响力，可我从她所讲的话里仍可以感受到，某种东西的缺失正促使她去做更多的事情，去分享更多的感受。这种人生新阶段给了人更多时间——对大多人来说至少 30 年——去奉献，去实现。

这段中年的延长期甚至长过青少年时期。这是一个以新方式秉承新成长的机会。我们可以重新定义自己，发掘自我的新角色，释放我们的激情，去寻找并实现我们的人生目标。我们可以活出我们最好的人生，实现财务自由，力量饱满，健康生活。我们可以做着有意义的工作，享受浪漫，发现惊喜。

向老而生的新事实

以上的一切听起来不错吧,然而,真正的事实或许并非如此。我们必须认清一些现实,我们的生活并不是什么时候都充满了阳光。与前几代人不同,许多在这个年龄段的人还在为经济、健康、社交以及技术现实而努力奋斗着。许多人不知从哪里能得到帮助和引导。许多社会机构的理念还都停留在20世纪。比如,许多企业仍旧不情愿招聘、培训和留用年老的员工。许多房子在设计之初也没有考虑老年人的需求。诸多协助老年人生活的项目在开展之初是按照20世纪的生活方式来设计的,必须要做出适应当下的调整,因为当代老年人的生活方式已经有别于过往。

这些令人不安的情况,使人们再次将注意力集中到所面临的难题上,这突出了机制改进的必要性,并重新思考与老年人相关的政策和措施。我们不仅需要帮助社会适应上百万老年人群,也必须帮助每一个个体。当我们选择找寻更多更好的新养老方案时,作为每一个个体的我们以及全社会都应当正视衰老的最新现实。

被延长的中年

无论什么，都是生活

每个月，我都会和一群闺蜜聚一次餐，其中有人50出头，也有人70多岁。当坐在一起聊着生活中发生的事时，我总觉得经过我们桌前的任何人都猜不出她们的年纪。因为她们看起来都很棒，衣着时尚，生活得多姿多彩。

我们每次的话题都是关于未来的计划——要去哪里旅行，要给家里装修，要去哪里冒险。当然，我们也会分享遇到的困境。即使谈及困境，从她们乐观的语调中，依旧能清晰地感受到人生经验的价值所在。我们每一个人都直面自己的年龄，从不矫揉造作地扮年轻，只是简单而力所能及地做好自己的角色。她们从事的职业不同，律师、医生、教师、商人、护工或者家庭主妇，可都是所在行业的佼佼者。

我们这群人中的每一位，尽管如今可能需要帮助才能掌握新技能，但仍喜欢使用最新的智能手机或平板电脑去获取资讯、与人沟通。我们也清楚地知道，随着年龄的增长，自己容易成为骗子的目标，所以想知道如何保护自己；也担心日益增加的医疗费用，所以想知道如何提前进行医疗费用储备。

当聚在一起时，我们之间会直言不讳，帮助彼此面对未来要发生的事。我们知道自己的需求正在发生变化，即便有不喜欢的变化发生，我们也不会退缩，反而会迎难而上。当面临裁员、退休以及不可测的未来时，我们会积极面对转变，并为彼此找到心中的力量。

我和闺蜜们把这些观点和态度分享给数百万年龄相仿的美国人。和许多人一样，我们为了生活忙碌着，好奇未来将给我们带来什么，尽我们所能去实现它。我们与家人、朋友和社区的人是一个共同体，我们不会因为到了一定年龄就退出社会的舞台。我们明白，随着年龄的增长，生活中的某些方面会越来越难，而某些方面反而会变得更容易。无论难易，它们都是生活的一部分，我们要充分利用它。简而言之，我们如今的生活，反映了年老的新常态——无论什么，都是生活。

被延长的中年

不是所有人都能长寿

整体来说，人的寿命会越来越长，但我们也清醒地知道，年逾50的人群中个体间也存在着巨大的差距。尽管美国是世界上第一大经济体，可还有一大部分人处于贫困之中，而贫困与健康和预期寿命之间存在着直接关系。老龄化的新常态之一，就是要了解和应对老龄人口中存在的差距。

人的平均寿命根据性别、种族和民族的不同而大相径庭。2010年，65岁的白人男子，平均寿命可以到82岁。这比白人女性平均而言少了3年，但比非裔美国人长2年。平均而言，黑人女性的寿命不如白人女性长。

美国疾病控制和预防中心的统计数据显示，黑人和西班牙裔白人的健康水平往往低于非西班牙裔白人。这两类人很难保持每周锻炼3天以上，患糖尿病的比例更高，患有残疾的概率更大，死于癌症的比例也较高。他们患上认知障碍或阿尔茨海默病的风险也高于非西班牙裔白人。这主要是因为他们更难获得健康保险，得到护理的机会较少，身体素质较差。与非西班牙裔白人相比，他们的收入和储蓄更低，房屋资产较少。

性别、种族和民族并不是影响长寿的唯一因素，收入和教育也是关键影响因素。与20世纪70年代时相比，美国现在收入在平均线以上的人群，平均寿命大约延长了6年；而收入在平均线以下的人群，平均寿命只延长了1.3年。还有一个令人震惊的事实是，1990~2008年，没能接受高中教育的美国女人预期寿命会缩短5年。

居住地也是影响寿命长短的决定性因素。我居住在弗吉尼亚州北部地区，该地区的人比我工作所在的华盛顿地区的人平均寿命长了将近7年。在伊利诺依州芝加哥市库克县，居住在县内不同地区的人平均寿命相差33年。其中原因，研究者们还没能弄清楚，猜测可能是由地区间不同的生活压力、肥胖问题、吸烟程度和医疗保健造成的。

以上因素都是至关重要的，因为在接下来的40年里，非西班牙裔白人在美国人口中的比例会逐渐下降。当前非洲裔美国人和西班牙裔美国人占美国50岁以上人口数量的10%，亚洲人仅占4%。到了2030年，少数种族或民族人口将达到美国人口的42%。人口普查局的调查数据还显示，到了2044年，西班牙裔美国人将超过人口的25%，成为美国最大的少数种族。这种新兴的人口结构正在构成盖伊·加西亚所说的"新主流"，那时少数民族成了新的主流，其经济和文化力量也必然成为老龄新常态中的决定性因素。

被延长的中年

"长寿经济"的主力军

在华盛顿特区工作的我,就身处对老年群体存在诸多误解的人群之中。世界上到处都有误解和过时的刻板印象,但它们的影响在华盛顿尤甚。华盛顿是一个墨守成规的地方,认为人上了年纪就会走下坡路,并且只会带来麻烦,终将成为社会的负担,啃食公共资源。在退休者协会工作的我们,每天都会听到这些言论,尤其是在我们探讨社会保险以及医疗保险的时候。譬如人口老龄化会拖垮这个国家;美国未来 20 年的联邦预算都会被老年人照顾计划用光;人们不能指望成了家的年轻人缴纳较高的税额来支付老年人的退休金。这类观点往往忽视了老龄化的新常态:这是一种增长,并非衰退;尽管它会带来诸多挑战,但也创造着机会;老年人不是负担,而是贡献者。只有纠正了这些误解和偏见,人们才能找到老龄化的新解决方案,让更多人选择他想要的生活和变老的方式。

历史学家史蒂夫·吉永在他所写的《婴儿潮国家》一书中提到:"婴儿潮一代的本质是消费者,而非革命者。"婴儿潮这一代人年逾 50 时依然是消费者,而"婴儿潮一代"现在大多已 70 多岁。和兄弟姐妹一起,这一代人铸就了长寿经济,进而打破了传统思想以及陈旧观念中所认为的老年人对于国家和经济的影响，并且在经济和社会两个方面都给美国带来了改变。

这批年逾 50 的人口数量，约有 1.06 亿。所构筑的"长寿经济"，每年的经济活动超过 7.1 万亿美元。到 2032 年，这个数字预计将增长到 13.5 万亿。有一个让你惊讶的事实是："长寿经济"体量之大超过除中国和美国之外的任何一个国家。

人到老年，他们扮演着很多角色，志愿者、监护者和祖父母，为这个社会的圈层和经济做着贡献。斯坦福大学长寿研究中心主任劳拉·卡斯滕森道出了人们增加寿命的真正好处之一，就是有五到六代人生活在一起。老一辈人对年轻人的教育与影响是无法估量的。

我不禁想到，今后有越来越多的老年人可以培养和教导我们的年轻人，这是一件美好的事情。家庭在空间上的分散是一个不争的事实，可今天我们拥有 Facebook（脸书）、Twitter（推特）、Skype、FaceTime、Snapchat 以及许多其他资源可以帮助人们随时保持联系。

50 多岁的人群是喜欢这种技术的。将近半数婴儿潮一代人活跃于 Facebook 上，其中 50 岁以上的女性是 Facebook 增长最快的用户群体。就我而言，在和亲友相聚的时候，第一件事就是掏出手机或平板电脑来，互相晒一晒孩子、孙辈、侄女、外甥们的照片，聊聊他们生活中的新鲜事。我相信有许多人也跟我做着同一件事。对于某些人来说，一提到祖父母，脑海中浮现的就是一个满头银发的小个子奶奶，怀中抱着婴儿，坐在摇椅上给宝宝哼摇篮曲，仿佛再现了诺曼·罗克韦尔的油画。而今天的现实截然不同，如今美国初为祖父母的平均年龄是48岁，他们能和宝宝互动的事情远不止在摇椅上哄孩子了。他们会给孩子花钱念大学，给他们买车买衣服，带他们看电影、下馆子、去度假，将近600万的孩子和他们的祖父母住在一起。2009年，这些祖父母辈的消费者为孙辈掷出了将近520亿美元。（要把这些孩子宠坏了！）

读着这些数据、考虑着这些事实，你还会认为变老只是走下坡路吗？越老越意味着只剩下挑战吗？老年人仅仅是一种负担吗？令人沮丧的是，政府中有很大一部分人依旧认为，这能带动7.1万亿经济活动的1.06亿老年群体是无法承受的成本和经济负担。反而是在私营领域，越来越多的企业已经开始将人口老龄化视作一个伟大的机遇。

第一章 老龄新常态：被延长的中年

老龄化的新商机

当我们谈到创新时，往往会联想到新产品或新服务，一种新生活或者我们闻所未闻的新发明，比如智能手机或3D打印机，比如无人驾驶汽车。当然，这类发明给我们的生活带来了巨大影响，而我们未来的生活质量也会由产品如何设计、服务如何呈现以及政策如何落实而决定。比如，如火如荼的分享经济与优步等的兴起都在改变我们获得服务的方式。它们教会我们，并非拥有产品才能享有它所带来的好处。我们正在通过诸如改变医疗保健的方式、开发新型汽车来为我们的未来开源节流。换言之，当我们思考如何以自己的方式老去时，我们也必然要考虑社会的创新。

商业创新往往建立在解决个体需求、迎合个人兴趣上。社会创新则与之不同，更多的是要解决社会需求和社会问题。它可以由政府操刀，由营利组织牵头，也可以由非营利组织发起，而通常需要双管齐下。比起打造全新的模式，社会创新可以是现有产品、服务的结合体，往往跨领域、跨部门，为个体和组织之间建立起新的交互。社会创新不仅会改变社会，更能帮助人们过上更好的生活。

那么，人们究竟想要怎样的解决方案？社会创新或是商业创新能在其中发挥什么作用？看看我们老龄化的新现实和"长寿经济"，只谈创新会起到关键作用，未免还是轻言了。创新实际在促生老龄化的新常态，是阻断衰老的源泉，而技术又是创新的源泉。

尽管咱们这些年逾50的人会被看作患有技术恐惧症，我们仍能算得上是技术精湛的一代人，是在技术的浇灌下成长的。从发明电视到漫步月球，从电脑到智能手机，我们比以往任何一代人都懂得如何用技术的力量改变生活。我们足可以期待技术会使生活更加长久和美好，让产品达到自身所需，让服务快捷，物美价廉，高效全能。随着科技和社会创新发展的爆发，我们会寻求向导的帮助，从众多选择、信息、声明当中做出决定，让产品、服务或项目满足我们的实际需求。那些能使人们的生活更加轻松的公司和机构，也将会因庞大的消费群体而受益，在市场中抢占一席之地。

对于年逾50的这一代美国人来说，美好生活的定义已经从单纯地拥有一个家、一辆车或是一份好工作，变为更重视健康的体魄、稳固的财富以及舒适的人际关系。我们曾用物质来衡量自身价值，而今则想要体验更充实的生活，从而获得快乐。因此，我们会继续寻求符合我们需求与兴趣的产品、服务和项目。

如今，各种各样的产品与服务并蒂而生，满足着人生各个阶段的愿望和需求。人并非活在孤岛当中，在健康、财务和自身三位一体的需求下，不能只使用单一的解决方案。我们得为将来做打算——在哪里生活？怎么过日子？怎么和家人、朋友保持联络？如果需要的话，如何就医保健，得到长期的护理？如何能守住自己的财富？我们正在考虑着怎样才有可能活得更长久、更精彩。

日新月异的技术创新，正将"智能化"带入家庭，帮助个体在家中独立生活，监测并管理他们的日常活动，让他们与亲友保持联系，以免被孤立。越来越多的数码技术用在了自身保健上——可穿戴的体征监测仪；线上社群帮助人们在行动之前甄别医嘱；医疗服务导航仪和护理调度仪帮助人们打理其医疗保健，并记录健康数据。

此外，众多社区也在制定综合战略来提升基础建设，完善服务方式，包括住房、交通服务，将社区打造得更有活力，更适合老年人。

创新理念也越来越融入老年人的自我实现当中。与旅行、健康、社交、娱乐和休闲相关的新产品和服务层出不穷。人们开始明白退休之后的人生并非是走下坡路，而是一段新的成长；认识到挑战是伴随着机遇而来；认清老年人是可以发挥余热的贡献者而非负担。这些革新认识将会跨越每一代人，给人生的每一个阶段带来改变。

然而，我们在此讨论的不仅仅只是为老年人的问题寻求解决方案。如果今天人们只是考虑针对老年人设计一个产品、提供某种服务，那么无论是年轻人还是老年人都不会买账。在新常态下，能帮助各个年龄层的人享受长久人生、提升每个人生活质量的创新才能吸引人。

被延长的中年

我们对老龄的看法与现实并不相称

生日贺卡上那些套话的作用不容小觑，它不仅会局限人们对老年的看法，还会将人们拘泥于此而不愿更新观念。这些陈旧思想，阻挠人们反思自己会成为什么样的人、会做什么事以及如何看待他人。阻断衰老正是要求人们重新检视自己对老年的观念。预期寿命的延长以及科技的进步，使人们敞开探索和发现的大门，新的期待和新的可能也会随之而来。

随着老龄化的速度越来越快，个人与社会观念还未能与老龄化的新常态相匹配。我们面对史无前例的机会，手握大把年华，身体健康地追求幸福、帮助他人、奉献国家，为自己心中的信念与目标去奋斗，且引领着社会积极转变，造福国家乃至全世界的公民。这是一份厚礼，是不可多得的机会。既然如此，我们何必再因循守旧，错过眼前的新机会呢？

第一章　老龄新常态：被延长的中年

这一切意味着什么

人的寿命的延长是一个国家真正的财富。老龄化的新常态挑战着社会中每一个人的观念。人们逐渐认识到，潜力并不是年轻人所独有的，每个人在任何时段都可以拥有。我们不能把未来交由命运摆布，而应该肩负起对未来的责任，为人生的拐点做好谋划与准备。

每个人都有老去的那一天，社会也在走向老龄化。我们需要努力改变社会结构、组织机制和公共政策，以适应现实中的挑战，充分利用老龄化中蕴含的契机。此外，我们还要重新构想自己的生活，更好地在不同年龄阶段之间平稳过渡，找到人生的意义与目标，在日新月异的时代中绽放最美的光彩。

老龄化的新常态迫使我们明白，尽管人们变老的方式正在发生改变，我们所面对的老年生活却并不理想。为什么？原因就在于我们面对衰老的观念与态度依然是陈旧、消极而刻板的。

设计百岁人生不仅仅是重新构想晚年，更是重塑人们的生活，并发动社会机构、公共政策以及个人行动来支撑我们的想法。如今年轻人的人生轨迹已与我们不同，一如我们和父辈的差异。我们很多人都有可能健健康康地跨越百岁，这就是老龄化的新现实，而不是纸上谈兵。我们需要计划好，准备好，充分利用这段人生。这一切始于我们每个人都开始接受人之将老的事实，认识到生日卡上的善意祝福其实是制约。每一个即将步入老年的人，并不是要开始走下坡路，而是手握年华，前路无限美好。

chapter2
第二章

对抗年龄歧视，而非年龄本身

在自己的任何年纪，我都乐在其中，因为每一个年龄都有它独特的价值。我的每一条笑纹、每一道伤疤，都是过往岁月赐予我的勋章，是我生命的年轮。我愿意将它们展示给所有人。现在，我不需要"完美的"脸庞和身材，我想展示的是自己所经历过的人生。

—— 佩特·班纳塔

...

假如你现在并不知道自己的年龄，你还会停下来思考自己能活到几岁吗？这是个有趣的问题。对年龄的知晓，是否会影响一个人的行为，以至于让他决定做或不做某件事？一个人，每隔多久会向社会或媒体所定义的"老年状态"屈服一次？要是人们能从对年龄的成见中摆脱出来，又会怎样？

被延长的中年

如果把注意力集中在日复一日的生活中，人们又会有怎样不同的表现呢？人们是否会对他人刮目相看？是否能更快乐地享受人生？

这些问题，对于名列棒球名人堂的投手李洛伊·佩吉而言，并不只是想想而已。

佩吉在1948年加盟克里夫兰印第安人球队，带领球队夺取了当年美国职业棒球联盟的桂冠。这是他第一次参加职业棒球赛——此前他在黑人联盟中蛰伏了20年——成了很多人眼中大联盟赛场上年纪最大的新秀。如今大家都知道，佩吉加入印第安人队时已经42岁了。但在那个时候，从未见过自己出生证明的佩吉，并不知道自己的确切年龄。而事实证明，实际年龄对他也没有一点影响。要知道，哪怕是在如今，40岁以上的球手都已罕见，50岁以上的更是闻所未闻。"脚夫"佩吉就是如此与众不同，不拘一格。

采访时，记者总会问佩吉："在这个年纪还打球，你是怎么做到的？是什么让你坚持下来的？"而佩吉一直都如是回答：因为他根本不知道自己实际年龄到底是多少，所以他只考虑自己能不能做到某事。只要是自己能做到的事，他就会放手去做，绝不畏首畏尾。

"年龄从来不是问题，只有心态是问题。"佩吉总是如此说，"只要你自己不在意年龄，很多事也就无所谓了。"

第二章 对抗年龄歧视，而非年龄本身

和"脚夫"佩吉不同，大部分人都对自己的真实年纪非常清楚。这一点，有时真不知道是好是坏。在某些情况下，还真有点弊大于利。因为对年龄的知晓，会影响人们的行为。假如我们从来不知道自己的年龄，说不定会是件妙事。没有年龄的困扰，我们也许会变得更自由。

不知道你是否和我一样，希望不被年龄所限而随心所欲。大多数人都希望自己年老后可以随心所欲地做自己年轻时想做却没时间做的事情。可事与愿违，很多人在步入老年后，并没能过上自己想过的生活。因为很多人跨不过心理那道坎，总觉得自己各方面都在退化，开始走下坡路，不得不依赖他人。更不幸的是，这种观点已经渗透到人们现实生活中的方方面面。人们面对自己的老年生活时，常常都是二选一：要么接受这种固有观点，碌碌无为直至暮年；要么绝对否认它，哪怕花掉所有积蓄，也要进行所谓的"减缓衰老"。可很多人都没有意识到，越是认为"年纪大了就会退化"，各方面就越退化得厉害。举个简单的例子，很多人喜欢用工作身份定义自己。这类人在退休之后，还会不假思索地用过去的身份来介绍自己，"我原来是个老师"或者"我原来是个护士"，抑或"我原来在雪佛兰工作"。这种习惯真令人感到悲伤！如果你本身总在用"我原来是……"来看待自己，又怎能期待外界社会对你另眼看待呢？

对于每一个人而言，老年生活要面对的最大挑战就是，改变文化传统和社会认知中对老年的刻板印象和固有成见。而想要改变

这些，就要从个人做起，从你我做起。第一步就是伫立镜前扪心自问，是否需要"这样的晚年"。我这样说，并非要你接受变老的事实，而是把握时光，拥抱当下，去感受人生必经阶段的美；更重要的是，可以抱着希望畅想未来。如果所有人都能做到这一点，那么离摆脱与年龄相关的刻板印象的桎梏就不远了。你不再会因年纪而为自己设限，而是积极开辟渠道，让自己随心所欲，老有所为。

变老是人生必经阶段，是人的自然属性，是生活的一部分。如果用心思考，你会发现，随着人的成长，他所经历的许多事情都与年纪无关，却与经历息息相关，一个人五六十岁或者七十岁的生活经历必定与三四十岁时大相径庭。这就是客观规律。人生经历的价值，是其他事物不可比拟的。无论在任何年纪，它都价值连城，让人们可以审视自己，思考自己为这个社会做出怎样的贡献。穆罕默德·阿里曾经说过，年届50，若还以20岁的眼界审视此时的人生，等于白活了30年。这句话放到现在，我们可以说：人若还在以50岁的眼界去看80岁的人生，同样也是浪费了30年光阴。

在变老的过程中，多多少少都会有些负面问题随之而来。我们需要的是，寻找适当的角度来看待此类问题。人生是一条单行线，即便再留恋过去，人们也无法回头，况且大部分人也不见得对过往岁月有留恋之心。当今社会，媒体、广告商还有大众文化，都喜欢鼓吹返老还童的论调。这种倾向让人们惧怕衰老，也让已经步入或即将步入老年的人否定当下的自己，否认这一阶段人生同样风光无限，最后反倒竹篮打水一场空。

人，不可能像歌里所唱的"永远年轻"。无论做多少整容手术，用多少抗衰老化妆品，补充多少维生素，都无济于事。但有一点却能肯定，保持活力是每一个人都能做到的。事实上，现在已有越来越多的人开始行动起来了。

> 网球天后玛蒂娜·纳芙拉蒂洛娃已59岁，无论身体状况还是心理状态，都和当年打比赛时别无二致。

我曾经和她一起在达拉斯参加过募捐，那时她还为我们这些募捐者举办了一个网球训练营。我在她面前示范了几下，她给我做了些指导。我告诉她，我以前就很爱运动。玛蒂娜说："从你的动作就能看得出来。"你瞧，哪怕是这么简单的活动，都能让人找回当初的状态。当然，玛蒂娜可不是"曾经爱运动"的人，她一向活力十足。作为健身塑形与健康生活的强力倡导者，玛蒂娜到世界各地演讲，还通过著书孜孜不倦地引导成千上万的人以更健康的方式生活，通过简单的步骤追求更美好的人生。尽管不再征战球场，她还是会找机会打打表演赛。她有句令人赞叹的名言："那颗球又不知道我有多大年纪！"

被延长的中年

消除年龄歧视

我承认，在进入退休者协会之前，我从没有考虑过自己的年龄问题。我从来没有把年龄视作行事准则，告诉自己什么能做或者什么不能做。无论"歧视号"列车悄无声息还是鸣笛驶来，年龄这一栏杆总会放行一拨人，拦住另一拨人。如今的我，再也无法对此怪象熟视无睹了。

我遭遇的第一次年龄歧视，是在 20 多岁的时候。那时我应聘联邦政府的一个职位，我有一封无懈可击的推荐信，完全能帮我拿下这个工作。可当我走进考场，面试官却说："我以为你的年纪能再大点。我觉得对于这份工作来说，你还是太年轻了些。"（言下之意就是，别想让我录用你。）

我们所处的这个社会对"年龄大小问题"有着一种深深的执念。喜剧演员拉里·米勒曾经说过的一番话，形象地展现了这种执念。

> 你还记得吗？人这辈子最盼着变老的时候，就是在孩提时代。那时，当别人问到你的年龄时，你可是连半岁都不能少。

"你多大了？"

"四……四岁半！"

可是，打死你都不会在 36 岁后边加个"半"字。

还有，"我快到 5 岁了"。看到没，这里有个关键词"快到"。一说长大，每个人都会很兴奋，说"快到了"！

到了十几岁时，人们更加急不可耐，开始蹦着数。

"你多大？"

"快 16 了。"意思是我今年 12 岁，可马上就到 16 岁！

看，"马上就到"这个词听起来多么神奇。好像过了一幕戏，变了一个魔术！你就"马上到了"21 岁！

可是，接下来就全变了。您现年四岁半，好，您马上就 16 岁了，没错儿，您马上就 21 了，没有问题，然后您就……

到了……30 岁。

嘿！怎么回事？用词怎么变了？"到了"，这听起来就像说一盒牛奶到期了。

他"到了"30 岁，弦外之音是，我们得赶紧把他处理掉。

现实生活就是如此吧，一下子感觉没那么好玩了吧？从这开始，情况便急转直下。

然后，您就"跑进"40 岁。

慢着慢着，都 40 岁啦。不行，我要倒回去。

可惜岁月列车无法停下，您一下从 21 岁到了 30 岁，又跑进了 40 岁，接着"抵达了"50 岁。

此时，人们常常哀叹车速太快了，自己居然一眨眼就要到 50 岁，还没来得及反应，眼瞅着就"撞上"60 岁了。再然后，完全停不下来的岁月列车，让您成功地看见了 70 岁的站牌。

许多人这时会感慨："我不知道自己能活到这个岁数"，然后开始掰着手指头过日子。

当慢慢数累时，人也许就真的要下车了。

我的祖母在 70 岁之后，不再愿意买青香蕉，因为怕自己等不到它变黄。

可到了 90 岁，人们的思维又开始反其道而行之："我才 92 岁。"

更奇怪的是，当活过百岁，人们对待年龄问题，又变得像孩子一般："我 104 岁半！"

看到这里，许多人都会心一笑，因为拉里·米勒所讲的事，大家都再熟悉不过了。这种观念根植于文化当中，我们也都和自己家人一起亲身经历过。他所调侃的，正是我们语言中体现出来的根深蒂固的年龄歧视问题。这种观念如同回声，在我们的日常对话中不断回响。

"你是不是老年痴呆了？"

"这裙子对你来说太嫩了吧？"

"你在这个年纪找工作很不容易吧？"

第二章　对抗年龄歧视，而非年龄本身

"你确定能记住这么多东西吗？要不要我给你写下来？"

如今，人们面对的不仅仅是一个老龄化的社会，更是一个有着年龄歧视的社会。而我们真正需要对抗的不是自己的年龄，而是对年龄抱有歧视的态度与认识。这种偏见渗透于社会每个方面，影响着社会文化观念。这种偏见之所以很难改变和消除，是因为很多人并不知道或者不认为自身有年龄歧视问题。想要改变陈旧的社会观念，人们就必须改变心态，对年龄歧视问题引起警觉。无论老少，皆有责任，都应高声反对年龄歧视，知道我们对年龄的态度和看法会以何种方式渗透在日常行为和对话中，不再拿年龄开玩笑，因为那只会无形中助长年龄歧视的歪风邪气。有时对自己老去自嘲调侃一番，无伤大雅；若是把握不好分寸，从心底认可了对年老的谬论和成见，甚至在生活中依葫芦画瓢，那就变得很糟糕了。当今社会，人们不会再忽视、调侃或固守对性别、种族以及性取向的歧视，又为什么还要继续忍受年龄上的歧视呢？

消除年龄歧视这件事，在眼下变得如此重要，有两个根本原因。

第一，年龄歧视以及对老龄消极的看法，会催生出消极的现实。只要这种观点始终存在，人们就永远都不会为了适应老龄化社会而有所改变。

第二，对老龄的歧视影响着公共政策、就业雇佣以及人们在

社会中的待遇。最糟糕的是，一旦人们接受了对老龄的歧视，自己就会无意识地受其影响，主动限制自身对老年生活的选择。

譬如，你常常念叨自己苦于膝痛、坐骨神经疼等等，往往是为了听旁人说"哎，你也不年轻了，老了都这样，忍着吧"。然后你就会心安理得地认为：他说得对，我真是变老了。比起心中的难过，身上这点小疼痛并不算什么。

事实上，如果你换一种思维，想一想自己另一只膝盖也是同样的年纪，怎么就不疼呢？看来膝盖疼跟年龄也没多大关系吧？尽管这么想，可能不会对缓解疼痛有任何帮助，但我敢打赌这能让你感觉好很多。而且，在这种思维的指导下，你会积极寻找缓解膝痛的良方，而不是因为年纪大了而逆来顺受。

> 美国演员兼歌手丽塔·莫雷诺给人们树立了绝佳的榜样，她敢于直面生活周遭对老年人的刻板印象，让人无比艳羡。丽塔为表演事业奉献了60年，是集奥斯卡、艾美奖、托尼奖以及格莱美音乐奖于一身的第一人。到现在为止，仅12人曾获此殊荣。
>
> "在好莱坞，变老是个噩耗。"丽塔曾说道，"我用了一生和种族主义、性别歧视做斗争，到了现在我还要对抗年龄歧视。但是，我绝不会刻意扮嫩，回避年龄问题。"
>
> 即便在84岁高龄，丽塔依然在表演。她刚刚出了新专辑，也很喜欢和外孙在一起。丽塔·莫雷诺掌握着自己的年龄，即便岁月流逝，她也努力过着自己想要的生活。

第二章 对抗年龄歧视，而非年龄本身

哈佛心理学家埃伦·兰格在自己的著作中提出了一种观点：逆时方向。她指出，如果一个老年人上下轿车时表现出些许困难，我们常常认为是因为他们腿脚太弱、平衡太差，并不考虑是否因为座椅无法旋转、不能让人从侧面下车而带来不便。如果改良一下，岂不是给所有人都带来便利吗？就好像一个25岁的年轻人骑三轮车时很费劲，我们会第一时间假定是因为他太过肥胖或者动作不灵活吗？估计并不会。

三轮车不是一开始就为年轻人设计的，同样，轿车座椅也不是一开始就考虑到75岁使用者的需求。这些问题，我会在后面的章节加以详谈。此处讨论的关键是，老年人群每天都被迫在一个并不是为他们设计、他们也没有参与设计的环境中活动。老年人总会把造成困扰的原因归咎于自己年纪大了跟不上时代，并受困于此。事实上，造成困扰的真正原因，是因为环境已不再适宜老年人，或者产品的设计背离了老年人所需。

一旦人们认清了这一点并鼓起勇气开始行动，譬如根据75岁老年人的需求改良轿车座椅而不是归咎于年龄，我们就能着手开创富有新意的方案，惠及各个年龄层的所有人。

2015年，退休者协会在迈阿密举办人生@50+全美活动暨展览会时，我在将近6000个退休者协会会员面前做了演说。我希望借此机会倡导大家真正拥有自己现在的年纪。为了能让大家明白，我身上别了一个徽章，上面写着："57岁无所惧！"演讲之后，我们每个参与者都能领到这个徽章，写上他们的年纪并佩戴在身

上。结果效仿的人数之多让我倍感惊喜，参与活动的人都十分骄傲地佩戴上了写有他们年纪的徽章。人们找到我，告诉我他们展示自己年龄时所感受到的自由。一位68岁的女士告诉我："这真是一种解放啊！"另一位74岁的女士对我说："没有人能夺走我的年纪，现在每一天都是我赚来的日子。"

这正是让岁月无阻的动力。这就是我们真正拥有年纪的象征。哦，还记得在我22岁时，那个跟我说因为我太年轻而不能录用的面试官吗？事实上，两周后他又给我来了电话，我从此拉开了自己事业的序幕。

第二章　对抗年龄歧视，而非年龄本身

年过 50 到底意味着什么

作为退休者协会的首席执行官，我的工作中最为人熟知的就是发信。你猜得没错，就是当美国人到了 50 岁的时候会收到的那封信，那封邀请他们加入美国退休者协会的信。当然，并不是每个人收到那封信时都会很激动，有些人甚至都不打开就扔进了垃圾桶。有些人的配偶，会偷偷拿走这封信，打开它，装在镜框里，然后在爱人的生日派对上当着众好友的面开个玩笑，或者假装做成生日卡送给对方。（关于这个话题咱们之前已经探讨过，我相信您再也不会这么做了。）1998 年，幽默作家比尔·格斯特在他的著作《五旬将至！——面对、恐惧、抵抗 50 岁》中用了整整一章说这封信的事，他将当时的退休者协会执行主席称为"恐怖的霍勒斯·迪茨"。他说，如今的社会，人们不再会收到告知自己需要被强制服兵役的明信片，大学邮件黑客也早已落网；这个时代的人们，收到的信件中最让人恐惧的就数霍勒斯寄出的这封了。当然了，还是有很多人会欣然接受我的邀请并注册会员，大概有3800 万人吧。但也总有人无法面对年至 50 的事实。

那么年过 50 究竟会怎样，为什么 50 岁会让人出于本能地抗拒呢？如果你在谷歌里搜索"我在……上撒了谎"，第一个跳出来的关联词就是"年龄"。为什么人们如此讨厌变老？为什么这个节点是 50 而不是 65、70 或者 80？答案很明显，就是长久以来文化传统中的约定俗成，让我们囿于其中。事实上，你 50 岁生日的那天，不会出现任何生理上的突变让你瞬间老去；甚至你 65 岁生日的那天，也不会出现任何生理上的突变让你马上想要退休搬到老年度假村或者住到孩子那里去。老去是个逐渐的、连续的过程。始于我们初生之时，直至归去之刻。

当我们还年轻的时候，我们把变老的过程看作是成长和发展。我们一边学习，一边走向成熟，成了社会生产的一分子，用我们的才华与技术构建出社会中的一切美好事物。我们拥有永恒的记忆或记号，标志着我们的成长与进步。在美国，人们从 5 岁开始上学，每年都有新的成绩单；教堂成人礼和酒吧解禁令让孩子知道自己到了 13 岁；16 岁时，我们拿到了驾照、从高中毕业；然后在 18 岁，孩子变成了青涩的大人；当迈进 21 岁时，我们就获得了成年人所拥有的所有权利。每到一个里程碑，都有一次庆贺或奖励记录下我们的成就，也会重新划下人生旅程的另一条起跑线。

出于某些原因，当人到中年的时候，人们开始把年龄增长看作是衰落或退化的过程。仿佛这时我们已经到达了人生的顶峰，再继续前行就是开始走下坡路的时候了。这就是所谓"山顶族"的来源。如果现在是人均寿命还在 62 岁的 20 世纪 30 年代，我完全可以理解这种忧虑，即便我无法苟同。因为众所周知，下山的确会比上山快很多。如今年届五旬的人，如果不遭遇意外或恶疾，预期寿命基本还有 30 年，再因"年过五十便会衰退"这一观念而忧虑，实在就是杞人忧天了。

随着年龄的增长，过去那些成长阶段的标记会慢慢消逝；而未来会出现的成长标记似乎又令人高兴不起来，更别说想要为之庆祝了。其实，并非老去的路上没有值得庆祝的地方，而是人们不再以高兴、期待的心态去看待。这一点，实在有些可悲啊。

50 岁对于大多数人来说是一道重要关卡的另一个原因，是因为它成了一个反思的节点。我们开始盘点自己过往的人生：我做成了哪些事，还有哪些未完之事？20 岁期待的人生现在拥有了吗？我幸福吗？前路还有什么？

每当提起这些问题，它们都会在人们的心中激起层层涟漪。因为对它们的思考，意味着随着年龄的增长，我们要如何看待自己的人生。我的一个朋友，她在任何方面都异常成功，却也面临着年龄危机。她的孩子们已经独立，各自过上了自己的小日子。而她却困在"年纪变老就是衰老"的心态当中，开始挣扎着寻找独自生活的意义与使命，看不到成长的机会以及她面前触手可得的快乐。我和其他朋友试着鼓励她把握当下，享受自己生命中的成就，提醒她在未来 20 年的人生中还有众多的选择。我们告诉她，成功与快乐并不是年轻人所独有的，在任何年龄你都能得到。我的这位朋友所困扰的问题，同样困扰着许多人。

幸好，很多人都已经意识到了这一点。

譬如，欧内斯廷·谢柏德。

看到她平坦的小腹、古铜色的肌肤、完美的身材，你估计无法想象她已经有79岁高龄了。因为，谢柏德看起来比许多年轻她几十岁的人都要更有型。她的座右铭自始至终都是："为了健康，要有决心、肯专心、下狠心。"她用行动证明年龄只是一个数字。比身材更惊人的，还有她的故事，那就是她直到56岁才开始健身。她在姐姐去世后曾一度陷入抑郁，克服了诸多疾病之后，她给自己设定了健身目标。2010年，她被列入吉尼斯世界纪录，被称作是世界上年纪最大的健身女性。

还有99岁的多蕾莎·丹尼尔斯。

刚于2015年6月毕业的多蕾莎，成了加利福尼亚州圣塔克雷利塔的峡谷学院里年龄最大的大学毕业生。多蕾莎获得了社会科学文凭，她希望通过完成学业成为更好的自己。她的人生新旅程始于2009年，过程十分曲折。看起来再简单不过的事，比如开车去学校，走路穿过校园，到了她这里都要比那些18~24岁的同学难上很多。课堂上的挑战也是接二连三，主要因为她需要用电脑来完成某些课程。在听课时跟不上其他学生的节奏也是她遇到的难题，但她仍坚持不懈。"尽管已经有63年没学过代数了，"她说"但我学到了很多东西。"

认识到这些挑战的存在，多蕾莎比原来更加勤奋。渐渐地，付出得到了回报。她每周都要到学校教学中心两次，跟着她的带学人做作业，提前预习功课。

面对课堂内外的挑战，多蕾莎毫无畏惧，依然每天都早起去学校。这种精神鼓舞了身边的每一个人。多蕾莎·丹尼尔斯女士建议未来的学生们："不要放弃，放手去做。不要让任何人打败你。告诉大家'我就是要做这件事'，然后去努力。"

格莱美最佳女歌手蕾佳娜·贝尔也有着相似的故事。

2015年春天，她完成了30年前未完的旅程，重回新泽西州立大学校园攻读学士学位。她说拿下学位就和拿下格莱美奖一样意义非凡。这就是她要为自己做的事。

欧内斯廷、多蕾莎和蕾佳娜都掌握着自己的年龄。她们都在盘点人生之后，发现还有许多想要为自己做的事。她们知道自己还可以继续成长、进步，她们也做到了。她们证明了变老并不可怕，而是一件值得期待的事。她们也向人们展现了一个真相：如果想随着年龄的增长继续成长，就不能惧怕变老；无论在任何年龄，都应该大胆走向自己想实现的目标。我们需要自愿地走出舒适区，尝试新鲜事物，挑战机遇，与"什么年龄该做或不能做什么"的刻板认知抗争到底。

  所以当你看到"年过 50"这个唬人的数字时，无论它是否与你有关，都应提醒自己，人生旅程到了这个节点还远远没有结束。无论是谁，年过 50 时，应该积极地去想象，在未来的许多年当中，自己还有很多机会去改正错误或者做一次正确的尝试。譬如，你终于可以回到大学中去参加当年想上而不能上的课了。如果我们把自己从陈旧观念和年龄的束缚中解脱出来，就将拥有这些宝贵的机会。

第二章　对抗年龄歧视，而非年龄本身

别让"什么年龄就什么样"束缚自己

小的时候，随着年龄的增长，我总能听见父母跟我说："乔·安，这么大了，像点样子。"如今我也当了父母，又会听见我的孩子跟我说："妈，像点老年人的样子吧。"其实我对此非常的疑惑。我该怎样做才叫有 50 岁、60 岁、70 岁、80 岁甚至是 100 岁的样子？当你还是个年轻妈妈时，许多书会提醒你孩子到了几岁该是什么样，譬如宝宝出生第一年中的发育情况，宝宝开始蹒跚学步时会有哪些令你期待的表现，等等。但就我所知，至今都没有任何一本书告诉人们，到了 50 岁、65 岁甚至 80 岁，你该做什么！

正因如此，我们要反思：欧内斯廷·谢柏德在 78 岁的时候成了世界级的健身者，是不是在做她该做的事？多蕾莎·丹尼尔斯在 99 岁的时候重返校园，是不是她这个年龄该有的样子？蕾佳娜·贝尔在 51 岁重读她 30 年前未完成的学士学位，这段经历与她的年纪是否相配？放在 10 年之前，很多人或许都会说不，会认为他们越出了规则之外。可时至今日，大多数人却会对他们的行为给予肯定，因为他们不再是规则的例外，而就是规则本身。

所谓做与你年龄相符的事情，其前提是我们对一定年龄该做或不该做什么事抱有怎样的期待。关于老龄阶段的期待延伸构筑了我们对老年的认知。有一个意料之中的现象非常有意思，那就是，这些期待会随着年龄而改变。年龄越大，我们越会将我们定义的"老龄"向后推迟。一个调研发现，30岁以下的成年人认为人们变老的平均年龄为60岁；中年人认为，变老的平均年龄为70岁；而年逾65岁的人认为，人们要到74岁才会走向衰老；在美国，出生在婴儿潮的那代人年至70时，这个数字还将拔高。

所以，现在请你问自己以下问题：

> 如果你认可"50岁是开始步入坟墓的起点"这一观点，那么假设你此时已经65岁，那你究竟会像50岁还是65岁的样子呢？到了85岁或90岁又将怎样，你会如何面对这20~30年的差别呢？

> 如果你相信，一条年迈的狗是学不会新技能的（其实，对于狗来说，这并不是真的），那么是否意味着你也会像这条年迈的狗一样，在老年时期就停止学习了呢？如果是，那你觉得这种情况又会在什么年龄出现呢？

> 如果你认为进入老年后，人就再也没有什么值得期待的事，不会有任何贡献，只会成为社会的负担，那么当你年老之时会照此观点进行生活吗？

在美国，以上问题并不单单只是作为个体的每个人如何生活的问题，更是展示这个社会对待老年持有何种观念的窗口。美国的公共政策以及社会结构建立在对老年的成见之上，而勉力适应这种守旧的观念正是美国有史以来的一大社会弊病。可是，每一个人都应该思考，如果认为老年人都是一个样子，有着相同的行为、需求、关注点与渴望，人们又为什么要在住房、交通、健康医疗等许多方面提供更多的选择呢？如果认为老年人既不会做出任何贡献，又是社会的负担，为什么人们还要为老年人寻找更多途径让他们发挥余热呢？诸多专门为帮助人们独立生活所开发的项目，它们存在的意义到底在何处呢？

把握我们的年龄，是为了我们能在年老时拥有目标明确、满载意义的人生并开启新的机遇。它使我们认识到，年龄的增长并不一定就意味着面临重重困难。我们无须为变老而忧心忡忡，我们完全可以享受一段收获满满的晚年。我们可以发掘到人生本要带给我们的真实机遇。而这种机遇，也会给社会带来新的机遇。让那些还满怀智慧、才华和经验的50后大队发挥他们的优势，解决国家的问题，这个世界会更加美好！甚至在未来，人们有可能建立一个以人自身能力评定其价值的社会，而非以年龄判定人才的社会。

假如我可以成功改变关于老年的陈旧观念，哪怕仅仅只有一种，但对于人们而言，50岁生日时就意味着树立了一个新的里程碑。他们会说："太好了！我终于到了50岁！现在我可以加入退休者协会了。我赚了！"

当明白了这一点，人们再听到自己的孩子们或者孙子孙女们告诉他们要过得像个50岁、65岁、85岁甚至100岁的样子时，那些话就有了新的意义。

行动起来

对抗年龄歧视，而非年龄本身

经历造就了我们自己，所以，拥抱这段岁月吧。

厘清思路

回忆过往岁月，谈谈你的理解，无论悲喜。

◎ 提起现在的年龄，你脑子里出现的第一个词是什么？

◎ 如果让你变小几岁，对你而言是悲还是喜？

◎ 在何种情况下你才会坦然谈论你的年纪？为什么？

◎ 你是否谎报过自己的年龄？为什么？

◎ 人生当中，你是否受到过来自年纪带来的限制？

◎ 回想到现在为止走过的岁月，你感觉每个阶段有什么不同？

行动起来

别让"什么年龄就做什么事"的成见束缚自己,故步自封。

◎ 留心身边那些含有年龄歧视的言论。

◎ 如果你听到有人说"我岁数太大/太小了,所以不能……",请带着你的好奇问上一问,看他们为什么会这么想。

◎ 找出身边某个让你羡慕的、把握了自己年华的人,可以是朋友、邻居或者家人,甚至某个明星。看看从他们的经历当中,你能获得什么启发,并将其融入自己的生活当中。

chapter3
第三章

设计你的后半生

人生中唯一有价值的目标,就是从平凡中活出不凡。

—— 彼得·德鲁克

当还是孩子的时候,几乎每个大人都会问我们:"将来长大了想做什么?"在美国,人们的答案一般都是医生、律师、老师、消防员或者芭蕾舞者之类的。有一次,我问一个朋友的孙女,长大了想干什么,她说:"我想当个名人。"而我回忆起自己小时候的理想时,我记得有一个选项是新闻主播。而我的父亲并不看好我的原因是,他笃定认为我以后只会做个裁缝。当然,我确实是个做裁缝的好苗子。直到现在,我还留着高中毕业时父母给我买的缝纫机呢。

现在,我们来聊聊人生规划的事。我们的一生,先要为了拿到学位或者接受培训去上学；接着有了第一份工作；然后我们会遇到自己的伴侣，建立一个家庭；如果一切进展顺利的话，我们会有一个长久的事业。之后我们就到了一个分水岭——很大程度上是我们自己设想的某个年龄节点，或者是我们的朋友、同事们恰逢的年纪——让我们想着是不是该减速，稳定下来享受生活与闲暇。但现实并没有那么符合想象，事到临头时很多人反而会发现自己并没有准备好平稳过渡到平静的生活中。这不仅是由于人生中还有太长的时间要为生活奔波，更是因为我们还有大把的年华理应去享受。

如今的问题是，大多数人的后半段人生并没有任何规划。因为现代人比先人享有更长的寿命，所以可以借鉴的人生并不多。人们或许可能为晚年生活存了些钱（尽管许多人也没有存下足够的钱），但未必会对这段人生加以设计，为中年之后想做的事做好打算。

这就是我所说的"不假思索地老去"。人们常常会在某一天，突然发现自己的事业急转直下，孩子都走向成熟独立；自己一下子就要面对25年或30年的空白，却对该如何描绘没有任何想法！我们的生活早已与祖辈的人生不同，那么对今后的人生做出怎样的设想也都与之无关。是时候转变自己"不假思索地老去"的观念，"充分思考着生活"了。每个人都该问问自己："接下来的人生会怎样？"

- 那些供养了家庭、如今成了空巢老人的父母们，接下来会怎样？
- 那些为工作卖命一辈子、到了退休年纪的人们，接下来会怎样？
- 那些曾经双宿双飞、眼下却孑然一身的人，接下来会怎样？
- 那些一边供养着孩子一边照顾父母的中年人，接下来会怎样？
- 那些想要换种活法，却不知眼下要怎样做才能找到正确出路的人们，接下来会怎样？
- 如今的社会又将会变成怎样？在美国，50年来根深蒂固的观念，就是将退休当作是精彩人生的谢幕。然而如今，对大多数人来说，这并不是唯一的、最优的选择，可为何人们还是觉得"退"无可选？

当开始思索"接下来会怎样"时，人们不仅仅是在思考将来自己还能做些什么，更是在探究"我是谁"这个问题。我敢打赌，我们当中的许多人会逐渐意识到，年轻时为自己设定的目标其实决定的是我们将来要从事的工作，而非要成为哪一类人。

我是一个幸运儿，能够在充分施展能力的地方工作，且比自己想象中更全情投入。但许多人在取得事业成功时，却发现成功并未给自己带来真正想要的快乐。越来越多的人想从人生中发掘到更多的快乐，因而大家开始探索其他途径。

阿里安娜·赫芬顿正处于这种情况。

2014年，当我第一次在退休者协会人生@50+的全国活动暨展览会上见到阿里安娜的时候，她告诉我她可以为"设计百岁人生"事业当个报童。

继成为一个成功的作者、评论员之后，阿里安娜曾于2005年她55岁那年创办了一个新闻网站——赫芬顿邮报。尽管当时对信息技术一无所知，她却非常清楚互联网是传播信息、扩大影响的绝佳途径。于是，阿里安娜开始钻研互联网传播技术，积极加入到网络传播者的圈子里，还开了个名为"观察者"的博客。2008年，"观察者"成了"世界上最有影响力的博客"之一。

阿里安娜由此一举成名，获得了新的成功，入选了《时代周刊》2006年全球最有影响力100人名单。此后，她频频现身于各大杂志的封面及电视节目中，生意更是如日中天。2011年，她以3亿美元的高价把公司转手卖给了美国在线，坐上了赫芬顿邮报媒体集团的头把交椅，担任主编一职。2014年，她又被《福布斯》评为世界上100个最有权力的女人中的第52位。

阿里安娜的成功听起来轻而易举，实际并非如此。2007年，在《赫芬顿邮报》刚刚起步没多久，她就因为过度劳累、缺乏睡眠而晕倒。这给她敲响了一记警钟。她开始质疑自己追逐的成功到底是什么。每天 18 个小时的工作给她带来了名望、财富与权力，可并没有带给她想要寻找的充实，这不是她一生中真正想要的。

为了过上自己真正想要的生活，她认为有必要重新定义人生。之后她便开启了发掘美好人生真谛的旅程。阿里安娜总结到，成功并不是仅以金钱和权力来定义的，真正的成功更应该包括享有安康，照顾好自己；拥有智慧，随着生活经验的累积拥有明智与辨识力；具有想象力，对宇宙中的神秘事物、对生活中每天发生的事物、对生命中小小的奇迹抱有一丝愉悦的期待；还有给予之心，通过施予他人善心和同情让自己得到提升。

阿里安娜在自己所著的《茁壮成长》一书中，仔细描写了她是如何将这些准则带入到工作和生活中的，而这些内容也给我带来了一种启发。2013 年，她为史密斯大学当年的毕业班做演讲时，向毕业生们所传达的信息并不是如何才能攀登成功的阶梯，而是如何重新定义成功以及何为美好人生的真谛。

被延长的中年

中年危机，其实是另一段人生旅途的开始

人到中年之后，渴望寻求更有意义人生的并非只有阿里安娜一个。数以百万的人正在抵达人生中的拐点。这一拐点通常出现在40~60岁之间。处于这一年龄段的人们，开始反思已经获得的成功是否能给自己带来真正的快乐。人们甚至还给这种现象取了一个名字，叫"中年危机"。

作家乔约瑟夫·坎贝尔教授有一个关于"中年危机"的形象比喻："爬上梯子后才发现自己靠错了墙头。"人到中年，人们开始重新审视梦想中那个叫作成就的东西。他们会经历一段重新评估与反思的时期，厘清自己在人生中所处的位置和未来该走的道路，想明白自己是谁，又期望成为什么样的人。人们开始反复思考如下种种问题。

我是否已经实现了人生目标？如果没有，为了实现梦想我还能做些什么？若已经实现了梦想，这份成功是否给我带来了期望中的快乐与满足？假如的确如此，接下来又会怎样？假使并非如此，为了收获快乐与满足，我还需要做些什么？我人生的使命是什么？我生而为何？

每一个人的人生中都会有众多影响深远的转变，事业方面的、

平衡工作与生活的、婚姻中的、人际间的，还有经济和健康的。当朝着改变迈出第一步的时候，你想好这些林林总总问题的答案了吗？

人到中年，这一人生中转变的节点，或许是对每个人影响深刻的转变节点之一。这时，孩子成年独立了，我们还要照顾自己的双亲；孩子结婚生子了，我们又成了需要照看孙辈的祖父母。

此时的人们，告别昔日工作，结束过去事业，容颜不再，体能减退，却突然发现，这仿佛是成人之后，头一次有了自由追逐人生梦想的闲暇。

这一段时光，令人兴奋也极富挑战。当身处这一阶段时，有些人渴望重返青春，但他们在潜意识里只是想找回自己记忆中的那种无忧无虑的欢乐，而并非想再次经历在布满未知数、未经规划的人生道路上摸索前行的过程。

从现在开始，我们每个人都不要再纠结于"中年危机"。换一个角度来看，这其实是另一段人生旅途的开端——在步入老年的途中寻回快乐与满足。如何从这段旅途中发现美和快乐，与每个人的眼界息息相关。如果我们总是抱残守缺、逃避现实，就可能与这段人生中种种美好擦肩而过。在四五十岁时就开始得过且过的人，在面对变老这件事上非常容易被关于衰老的陈旧思想所束缚。这也是为什么很多人都认为自己会遭遇中年危机的原因。如果人们随着年龄的增长，用更加开放的心态去看待生活，反而会将年龄的变化视作成长，是为了人生更持续的发展，是为了继续

被延长的中年

探索人生中的新机遇。

在这方面，我姐姐戴安娜就是一个活生生的例子。

虽然我不知道她是否给自己贴上过中年危机的标签，但她在自己孩子长大以后确实经历了这种情绪起伏。在我认识的人里，我找不出一个比她更热衷于当妈的，现在变成热衷于当祖母。戴安娜对此热衷的程度，已经远远超过擅长的程度。在我的记忆中，戴安娜自从结婚生子后，为她的老公和两个孩子奉献了整整48年。当孩子长大成人、工作结婚后，我姐夫依然飞来飞去为事业打拼，突然空闲下来的戴安娜开始发现自己想要的不止于此。

令我们所有人都意外的是，戴安娜竟然如此迅速地决定了自己的人生新旅程。她被牙买加蒙特哥贝市圣吉姆锡安山小学录用了。

锡安山是一个地处内陆的偏僻乡村。虽然紧挨着北部海岸的奢华度假村，但它看起来就像另一个世界。锡安山常常被誉为"天堂的尽头"，可这个只有400多人的贫困农村实际上是在天堂之外。戴安娜刚到那里时，大约有42名孩子，从幼儿园到六年级都是在锡安山小学就读。

戴安娜刚到锡安山小学时，这所学校只有一间教室。在长年累月的忽视中，学校基础设施残破不堪，学生素质亟待提高。外人可能无法想象，这所学校从幼儿园到六年级的所有学生，他们的识字率仅为同龄人的40%。

于是，戴安娜开始全身心地投入到新工作中。戴安娜，包括我在内的家人、朋友和同事，都纷纷投身其中，竭尽所能地改善学生的生活环境。我和戴安娜都是连接股份有限公司的会员。连接股份有限公司是美国最大的女性志愿服务组织，旨在帮助美国国内各社区的非洲裔美国人及非洲移民改善生活。经过多年的努力，我们在国内组织开展了多次"连接你我他"主题活动。如今，美国多地的"连接你我他"活动都会呼吁大家为锡安山小学提供资金和物资支持。物资方面，主要有衣服鞋子、家庭日用品、急救用品及学校用品和图书。除了我们组织募集的物资、资金之外，锡安山小学还收到了许多来自个人的捐款。这些善款被用于修缮校舍、购买冰柜以及支付学校食堂厨师的工资。

在戴安娜的统筹和领导下，我们为锡安山小学量身定做了各种基金项目，如学生校服、营养午餐、教职工培训、音乐体育教育等等。在众多志愿者的大力支持下，这所学校有了平整的操场，聘请了专门的厨师为孩子们做营养餐，有了各种乐器以及支付给音乐老师的工资。与此同时，我们还推动了学校图书馆里图书的更新，把那些老旧的图书换成更贴近时代、更适合学生的图书。如今，锡安山小学还开辟了公共菜园，学生们可以在那里学习如何种植蔬菜瓜果。还有包括牙医在内的各科医生定期到这里义务出诊，以改善学生个人卫生保健情况。

除了硬件设施的加强，最令人兴奋的是所有学生在学习方面的进步。2012 年一年中，全校学生的识字率从原先的 40% 提高到 62%；2013 年提升到同龄人的相同水平，之后便一直保持下来。这样的显著成绩在蒙特哥贝地区所有的小学当中可谓是凤毛麟角。这也意味着就读于锡安山小学的孩子们走上了一条通往美好人生和光明未来的道路。

　　孩子们在学习生活方面的改变是惊人的。而这些惊人改变带给戴安娜的幸福和成就感更是无与伦比。戴安娜寻找到了真正让自己充满激情的事情和生活的真实意义，再加上儿孙绕膝，她想要拥有的一切如今都有了。

第三章 设计你的后半生

后半生真正重要的事就是追求幸福

托马斯·杰斐逊在《独立宣言》当中写道：追求幸福是我们不可被剥夺的一种权力。杰斐逊的说法与我们现在倡导的可能略有不同。他所提倡的追求幸福，是指追求美好的人生，而并不仅仅只追求简单的快乐和愉悦。他倡导人们应该发展自身天赋和技能，调动自己所有的潜能以将工作做得尽善尽美。杰斐逊认为，作为一个社会人，在为社会做出更多贡献的时候自然就会获得快乐。就这一点而言，我完全赞同杰斐逊先生的观点。组成最好人生的种种因素里，包括了成人之美，以及竭尽所能达到自己的人生目标。只有这样，才能获得真正的快乐。

致力于研究老年人与创造力问题的精神病学家吉恩·科恩医生，最近因他的发现而享誉全球。他在研究中发现，年龄会给人的成长、发展和创造力提供不计其数的机遇。但年龄给予的成长无法强求，需要随着其固有节奏次第展开。就好比你不能在一个孩子的大脑还没发育好时就教他阅读。而一个成人的某些才能，也会随着我们走过大部分的人生时才逐渐浮现。这种才能，人们通常称之为智慧，它由岁月凝结而成，依靠增长学识而取得，又随情感成熟和人生阅历而丰富，这些因素的共同作用培养出人们的能力。这些能力使人们学会应对复杂情况，熟练解决所遇到的问题，预知行动可能的结果，面对突发情况也游刃有余，制定战略应对人生中的跌宕起伏。

科恩医生指出，随着年龄变老，人们大都会有相似的感受——比如在反思中盘点人生。然而，这一点恰恰标志着人自然而然的发展，说明了人们的潜能。年龄、阅历和近况决定了人们看待生活的感受。因心理、情感、智力等方面的不同，每一个人看待和经历人生的角度也会各有不同。若人们可以客观看待这种感受而不是将它视为可怕的危机，在人生新旅程中做出相应改变，那么即便步入中年之后仍旧可以像孩提时学习如何阅读、骑自行车或开车那样，继续成长和发展。

你是否曾有过这样的想法，"如果当时我知道，现在就……"但是，换一个角度思考，既然我们现在所知的都是过去无法知晓的，那为什么还要留恋过去？为什么很多人总把步入中年视为危机到来，而不能将其视为可以自由追求幸福的时段？其中一个很重要的原因是，束缚人们的传统观念认为，人一旦步入中年或者老年，时间的流动就意味着损失而非财富。科恩医生还指出，发展与成长往往需要时间的洗礼。只有拥有了值得品评的经历时，我们对人生的盘点以及决定其是否成功才有意义；只有彼时花了足够多的时间经受责任与竞争的束缚才能换来步入中年之后的自由。尽管人们在任何年纪都可以找到生活的意义和使命，但只有积累足够丰富的人生经历后所发现的生活意义和使命，于我们而言才更有分量。

人到中年后,一个最大的好处就是能有更多的自由时间来追求幸福。这时的我们,从养育孩子的责任中解放出来,不再需要努力攀登事业晋升阶梯,有了继续实现人生目标的自由,可以发展自身才能,换取更好的生活。此时积累的人生经验会让我们清晰地认识到什么才是生活中最重要的。人们可以在任何年龄都汲取到知识,但智慧只因岁月和经验才诞生。奥普拉·温弗瑞在年近60岁时才发现:"在老去的过程中,人最难面对的是,认识到那些你浪费的时间和你所担忧的事情其实根本没那么重要。"而她觉得最好的则是:"从此之后可以自由自在,随心所欲。"

将两种看待变老的不同观念结合来看,我们就会发现变老会给人带来时间和自由去追求真正重要的事,以及寻找充满真谛的智慧。这两种观念结合之后作用非常强大。将才华、技术以及人生阅历带来的眼界运用到追寻最重要的事情上时,人们就能充满激情地重获动力,去实现人生的目标,去改变世界——简言之,就是追求幸福。

被延长的中年

帮助他人选择他们想要的生活

人还年轻时，常常无暇顾及自己一直未曾实现的愿望。因为那时许多人都忙着解决工作和家庭中遇到的种种事情。随着年龄的增长，人们反而越来越在意自己还未曾实现的愿望。有多少人会在他人葬礼上听着悼词的时候开始考虑自己在百年后将得到什么样的评价？能够确立带有积极意义的夙愿，这是人性格中的一种特质，更重要的，它也是一种强大的动力。

在《夙愿不只是为残年》一书中，作者罗伯·露西告诉我们，现在就确立并努力实现我们的夙愿会让生活变得更加快乐且有意义。他将夙愿定义为"一种我所创造的用来连通生活、改善生活且在我百年后也将继续积极影响他人的东西"。

作为退休者协会现任首席执行官的我，同时也是协会创始人埃塞尔·佩尔茜·安德鲁斯的夙愿代理者。埃塞尔·佩尔茜·安德鲁斯博士是一名退休的高中教师，也是加州第一位女子高中的校长。从洛杉矶林肯中学校长职位上退休后，安德鲁斯博士成了一名志愿者，在加利福尼亚州退休教师联盟中服务。一天,安德鲁斯博士去拜访一名需要帮助的退休西班牙语教师。她按照地址敲响屋门时,却被告知受访者其实是住在屋后一个破旧的鸡舍当中。因为那是她从每月40美元的退休金中扣除所有食物和药物费用后仅能负担得起的住所。

震惊之余,安德鲁斯博士决定为此做些事情。她在力所能及的范围内给这位退休西班牙语教师配了眼镜和假牙,并给了她一点额外的钱来买食品。然后安德鲁斯博士联合了一群志同道合的退休教师四处奔走,为退休教师群体争取负担得起的医疗保险。那个时候,大多数保险公司都没有推出针对老年人的健康保险。投保人年满60岁时,他们的健康保险或意外保险要么被取消,要么就因保费飙升而无法负担。

经过多年的努力,安德鲁斯博士终于在1947年组建了国家退休教师协会,即美国退休者协会的前身。她开始给各种保险公司打电话,督促他们为退休教师开创一组健康保险计划。七年之间,她被拒绝了42次。"他们以为我脑子有病,"她回想往事时说道,"尤其是当我跟他们说,这种保险必须是不能取消的那种,实行预算制,按月支付,申请前无须体检。有些公司根本连见都不见我;有些公司则给我看他们的报表,说要是按我想要的政策来做,他们是会破产的。然而,他们所参考的数据是从退伍军人医院采集的。我跟他们说,'你们的问题在于并不了解健康人群的情况,譬如我,就从没进过医院'。"

安德鲁斯博士坚持不懈的努力最终还是有了回报。1955年，她终于找到了一家愿意为协会会员提供这种保险的公司，推出了美国国内第一款面向65岁以上人群的健康保险，比美国国家医疗保险体系的建立整整早了10年。这个保险计划面向国家退休教师协会所有会员，无须体检。这款健康保险需求量巨大。到了1957年，国家退休教师协会的保险项目已是供不应求。全国各地的老年人都在咨询如何才能为自己办上这款保险。于是，安德鲁斯博士在1958年建立了美国退休者协会，专门为美国所有老年人创建能负担得起的健康保险。

对安德鲁斯博士而言，保证老年人能够享受可负担的医疗保险仅仅是她计划的第一步。安德鲁斯博士认为，退休者协会是她推行有产老年概念的一种途径，让老年人参与到社会当中，帮助他们更加独立、更有尊严、更有目标地度过晚年。这就是安德鲁斯博士竭尽一生想要实现的心愿——帮助人们随着年龄的增长过着更加充实的生活。

安德鲁斯博士所认识到的，也是我们今天非常熟悉的：发掘和实现生活目标不仅是给晚辈留下积极向上的临终之言，更是让自己追求美好生活的关键。正如安德鲁斯博士所说："仅次于对生存的渴望，是对被需要的渴望，而去感受一个人对生命的贡献是至关重要的。"

在退休者协会，我们不仅每天都在努力完成安德鲁斯博士的遗愿，还以她的名义设立了安德鲁斯奖，每两年颁发一次，用以肯定那些在工作和生活中做出卓越成就的个人。这些获奖者的事迹是我们对社会中人人都能有尊严、有目标地老去的美好愿望。奖项设立之后，曾发给了许多知名人士，从玛格丽特·米德到鲍威尔将军，再到诺曼·李尔和玛雅安杰洛博士。2015年，我们将此奖项颁发给了伊丽莎白·多尔夫人。

作为内阁秘书，多尔夫人在公务员岗位上兢兢业业工作了45年，是美国参议员和美国红十字会会长。2012年，多尔夫人在自己76岁的时候，创办了伊丽莎白·多尔基金。伊丽莎白·多尔基金主要用来关爱军人家庭，呼吁提高公众认识，为所谓隐身英雄的群体提供支持。

多尔夫人是一个无畏的倡导者，鼓舞着100多万个家庭中的成员有信心坚持下去，向自己因战争患上创伤性应激障碍的亲人给予关怀。创伤性应激障碍患者的亲属，往往是患者唯一能够获得关怀、愿意信赖及依靠的群体。通过她的基金，多尔夫人呼吁人们关注和帮助这一群体。这些身心疲惫却坚持不懈、力量微薄却饱含无价之爱的关怀者们，不仅仅改变着自己的人生，更改变着他们患有创伤性应激障碍的亲人的一生。多尔夫人说，这项工作给了她新的人生目标与意义。每天，与这些照顾着自己家人的关怀者会面时，她都能获得新的生活启迪。

被延长的中年

安德鲁斯博士和多尔夫人的故事并不是个例。在美国，越来越多的人在步入中年后，通过多种途径去寻找更有意义、更具目标的人生。这些人有一个共同点，他们都希望做点什么影响身边的人，来推动社会上某方面的进步。他们希望自己行为的影响力不局限于当下，最好能够对未来也有一定影响。他们希望通过自己的技能和经验去帮助有需要的人，参与解决社区、国家乃至世界的问题。其中一部分在教育、卫生保健、社会服务以及环境保护等具有社会影响力的组织当中做志愿者，还有这样一个正在急速扩张的群体，他们通过再就业、寻找新工作来运用自己的技能和经验去解决社会实际需求。据估计，有近900万年龄在44~70岁的美国人仍在就业岗位上发挥余热，另外还有3100万人对此抱有信心。

他们当中有一位现年76岁的老人，他就是查尔斯·弗莱彻。我有幸在2014年于亚利桑那州坦佩市举办的普珀斯奖颁奖典礼上为大家介绍查尔斯。普珀斯奖由安科公司首席执行官马克·弗里德曼在2005年创立，目的在于表彰那些能力与影响力出众、将毕生所学运用到退休生活中的人。而我有幸一度作为普珀斯奖的评委之一。查尔斯曾是一名电讯业的主管，而后成立了神驹国际并出任首席执行官，这是一个公益性组织，为有发育障碍的孩子们提供避难所。在这里，孩子们可以骑马并接受专业治疗医师的引导，使其潜能得到开发。

这个项目完全免费，帮助许多孩子学会了走路和说话。

2001年，查尔斯和三位骑师一起，带着两匹马成立了神驹国际。而今他有了20名带薪教师，可提供计时疗程；每周，在他得克萨斯农场上，有400名骑手为障碍儿童、问题青年、受虐妇女以及受伤的退伍军人提供服务。他和他的员工一起培训并授权了另外91家中心，遍布美国、南美洲、非洲和欧洲，使为残障人士服务的神驹国际成为世界最大且独一无二的马场康复研究中心。查尔斯觉得，自己在神驹国际发挥余热，反而成为他一生中最有意义的工作。

我在2010年来到退休者协会领导基金会工作。老年人温饱问题是基金会决心攻克的几大难题之一。我们和四次夺得纳斯卡车赛冠军的杰夫·戈登以及他所在车队的老板里克·亨德里克合作，呼吁社会提高对美国老年群体中赤贫者的关注度，并号召人们付出具体行动，参与到退休者协会基金的"驱车赶饥"行动来帮助这一群体。2013年，这个项目扩大至四驱车赛场之外，与美国职业橄榄球大联盟（NFL）、美国男子职业篮球联赛（NBA）以及国际足球联合会（FIFA）建立合作伙伴关系，联合了23个组织作为赞助支持方。通过这个合作，我们帮助美国许多老年人吃上了一顿饱饭，同样也为持续解决这一问题筹集了储备资金。而这样的合作也给我们带来了多维效应——接触到更多的人群，工作效率大幅提升，使我们的集体资源得到充分调动。通过善款资助、研究助力以及社区活动的作用，我们一次一个社区，为改变现状不懈努力着。

正是通过我们的"驱车赶饥"行动，我认识了来自爱荷华州工会的弗洛伊德·哈默和他的妻子凯茜·汉密尔顿。

> 弗洛伊德拥有一家建筑公司及其他成功的商业项目，打算在退休之后和凯茜去环游世界。这时，他的一个好朋友邀请他们到坦桑尼亚，参与一个将麻风病医院改造为艾滋病人救济所的公益项目。有着建筑业背景的弗洛伊德觉得，这个项目挺有意义，于是欣然同意。
>
> 2003年，弗洛伊德和凯茜的第一次旅行就定在了坦桑尼亚辛吉达区的一个偏远山村昆吉。抵达昆吉时，夫妻二人被当地的贫困程度震惊了。缺衣少食的孩子被饿得奄奄一息，眼神中透着绝望。凯茜对弗洛伊德说："咱们得做点什么，咱们不能眼看着这些孩子死去。"
>
> 2005年，弗洛伊德自己出资买了卡车和玉米。他用卡车将玉米运到昆吉后，告诉村民可以用任何东西来换取粮食。弗洛伊德和凯茜知道村里并没有什么可作为等价交换的物资，他们之所以如此说，只是为了让村民更体面地接受捐赠。一开始，夫妻二人已经准备好接收他们觉得村民可以轻松获得的物品，如当地盖房子用的沙子和辅料、做饭用的木炭。第二天早上，当成千上万的女人们带着漂亮的手编草篮前来换玉米时，夫妻二人惊呆了。三个月后，他们一共收取

了12000个手编草篮。这些草篮被运回美国并抢购一空,夫妻二人利用这笔收益成立了自己的公益组织——大拓公司。

凯茜在坦桑尼亚的村庄中做调查时,得知当地人最缺乏的四种资源是:饮用水、食物、医疗和教育。于是,大拓公司便以提供这四项资源作为自己的服务目标。那个时候,大拓公司已经攒了64000个篮子。他们用卖篮子的钱来购买食物做慈善活动。他们还积极参与其他类似于退休者协会发起的"驱车赶饥"之类的公益合作,开展爱心餐包活动。从2004年建立伊始,大拓公司自发或帮助合作伙伴送出了超过25亿个爱心餐包。

弗洛伊德、凯茜、查尔斯·弗莱彻、伊丽莎白·多尔、安德鲁斯博士和我的姐姐黛安娜·达金,这些人都有一个共同点,那就是他们人到中年后的探索会带领他们继续成长和发展。他们将前半生积累的经验、技能与才华运用在中年之后,继续寻找人生的意义与使命,立下带有更大影响力的愿望目标。他们不仅努力在当下帮助他人,还努力给人们的未来生活带去持续的改善。他们充分运用自己的时间和才华,为人生做了更长的规划;同时,也启迪了越来越多的人以新的办法选择他们想要的生活和老去的样子。

被延长的中年

问问自己:"接下来的人生会怎样?"

人们寻找生活意义和目标的动因,不应该被财富收入、受教育程度、道德水平、婚姻状况、所从事职业、种族、性别或任何其他类似的人口统计数据来决定。

人人都可以拥有梦想,即便再普通。每个人都是以自己的方式经历着人生。我的人生目标可能与你不同,我认为有意义的事可能你并不觉得,我所追求的快乐也有别于你,我对美好人生的定义可能并不是你所想象的。尽管如此,你我都可以拥有属于自己的梦想。然而随着步入中年,无论拥有怎样人生梦想的人,都会面临一个普遍性的问题:接下来会怎样呢?

"接下来会怎样?"拷问的是人们对时间的定义。这个问题,其实不仅仅中年人需要思考,任何年龄层的人都应该思考。而对于许多人来说,这个问题都太难回答了。

步入中年后,有些人把思考这个问题看作是重新构思生活的一种契机,为了保障财务、保证健康、找一份有意义的工作、制造浪漫、去冒险、去旅行等,想尽各种可能。而这也正是一个让中年人面对自身恐惧的问题,因未知而恐惧,因入不敷出而恐惧,因不再独立而恐惧,因不复健康而恐惧,因害怕成为家庭的负担而恐惧，或仅仅只是因为害怕寂寞而恐惧。一旦开始思考这个问题，它就会让一些人身陷所谓的"中年危机"，也会让一些拥有新思维观念的人开始为自己设立新的中年目标。

斯科特·斯特兰决定提前从威斯康星麦迪逊的一家大保险公司退休后，就面对着"接下来会怎样？"的局面。他的两个儿子已经长大结婚，有了自己的小家庭。他的妻子还在做兼职护士，而斯科特长期以来一直照料着他87岁的老母亲。斯科特说，由于提前做了准备，退休之后的财务问题反倒是最不用担心的。经过一番核算，他确定了自己在退休后财务方面不存在问题。然而，最难的部分是，退休之后要干些什么。斯科特解释道："实际上，在很久以前，我就想着干点与以往不一样的事，但我又觉得没什么选择。可是退休之后，我却发现可选择的太多了，反而更不知道自己想干什么了。"

斯科特想做点有意义的事情，通过他能让别人的生活变得更美好。于是，58岁的他决定重返校园拿下研究生学位，好做个高校教员。但是现实并不如他想象中美好。从事教职后，尽管他很享受教学过程，但是学术官僚机制却让他觉得乐趣全无。直到一个好朋友给他介绍了 *Life Reimagined.org* 这个网站，他才摆脱了这样的窘境。*Life Reimagined.org* 网站是退休者协会的一个项目，邀请世界上顶级专家为中年人做退休生活的咨询和指导，帮助人们发现新的机遇，为他们想要的改变做准备，在人们实现愿望的过程中提供支持。这个网站为斯科特提供了一份引导图，帮助他规划人生的新阶段。

当着手为下一阶段的人生绘制蓝图时，斯科特发现自己有着强烈的愿望，希望帮助人们战胜生活中的困难。他还喜欢狗，喜欢和动物一起工作。高中时代给一位兽医打工时，斯科特就开始考虑在未来合适的时候成为一名兽医。所以他和妻子以及朋友们商量后，决定找个办法同时满足这两点爱好。由此他联系了麦迪逊当地的一位兽医帮忙，帮他推荐了一个正在繁育拉布拉多做猎犬的客户。

他就是在那里遇到的小齐，一只 2 岁大、将近 50 斤重的巧克力色拉布拉多犬。髋关节发育不良的小齐，已经不适合作为繁育犬，已经碌碌无为地在繁育犬舍中待了两年。

斯科特认识小齐后，带着它经过了严格的培训考核与评估，最终成了一个合格的康复小组志愿者。他们可以到医院、敬老院、退休之家和其他机构去看望需要他们的人。斯科特非常喜欢带着小齐去麦迪逊的各个社区探望那里的居民。看着人们因为小齐走进房间而亮起来的脸庞，斯科特的内心感到无比喜悦。小齐给这些需要帮助的人带去了一天中唯一的一抹光亮。"拿什么都换不了我要的这种感觉。"斯科特说，"小齐不光是给需要帮助的人带去了阳光，同时也点亮了我的生活。"

斯科特通过规划自己的中年人生目标而找到了新的生活意义，让他追求到了快乐，也在和他人分享着这份幸福。

什么才是美好人生？

随着越来越多的人享有更长更美好的人生，中年阶段慢慢被视为人生的延展。人们发现变老并不等同于衰退，反而给人带来成长与发展的新机遇，追求快乐的新契机，以及有更多经营美好人生的时间。

理查德·莱德是世界上研究目标问题的先驱者。他给"美好生活"下的定义是：具有财务自由、心理生理双重健康、建立深层人际关系、有目标感和归属感的生活。这也意味着，人生中无论遭遇好事还是坏事，人们都能游刃有余地面对。因此，人们需要不停地对这四个方面进行审视，按优先程度做出排序。

当开始设计自己的中年生活时，我们需要重塑思维模式以及学习新技能。此外，或许也是最重要的一点，需要勇气。随着我们对人生希冀一点点的增加，所面临的诸多挑战也会带领我们获得新的视野，以及我们今后的成功所需要的学识与智慧。有太多的人不愿意随着时间流逝做出改变，而这永远都不会让他们享受当下的自己。所以，我们每一个人都应该无所畏惧地拥抱改变。一旦迈出了那一步，你的所有经验和智慧就会从旧观念的牢笼中解放出来，勾勒出你真正想要的生活。

被延长的中年

行动起来

设计你的后半生

假如我们不再自问"我想成为什么样的人",而是开始思考"我想成为谁",那么寻求这个问题的答案并且重新设计我们的人生并不算太迟。让我们争取更多的时间去打造那个理想中的自己吧!

回首往事

细数我们曾有的经历,盘点一路走来的收获。

◎ 你想对当年那个年轻的自己说些什么?

◎ 你感到最放松的是在什么时候?身处何地?和谁在一起?

◎ 你最引以为自豪的是什么?

◎ 你做过最冒险的一件事是什么?从中学到了什么?

展望未来

想象你未来的5年人生中,将会发生什么?

◎ 想象你未来人生中的自己是何模样?

◎ 到你向往的社区中走走看看,周围环境如何?

◎ 假若现在是下午三点钟,你在做什么?

◎ 计划一下你未来的晚餐,谁会与你同桌相伴?

◎ 未来的生活与你现在的日子有何不同?又有何相同?

chapter 4 第四章

把控你的健康

若是知道我能活得这么久,我一定会更好地照顾自己。

——尤比·布莱克

...

2014年,莫伊拉·福布斯邀请我去参加"福布斯妇女峰会"中的一个小组讨论环节,主题是"长寿究竟是不是件好事?",这个议题非常合我心意。小组讨论时还邀请了著名的罗伯特·伍德·约翰逊基金会主席里莎·拉薇左·默瑞,以及斯坦福长寿研究中心主任劳拉·卡斯滕森。这两位都是我熟识且十分尊崇的人物。在讨论会上,我还结识了一位新朋友——长寿基金的年轻合伙人劳拉·戴明。

劳拉完全颠覆了我对21岁年轻人的认识。她在12岁的时候就在旧金山加州大学给一位教授做志愿者,这位辛西娅·凯尼恩教授是抗衰老研究的先驱。14岁那年,劳拉进入麻省理工学院攻读理学学士学位,研究人工器官形成和骨骼老化。17岁,劳拉和另外一位年轻姑娘拿到了蒂尔基金会的奖学金,同时还得到了10万美金赠款,从商业角度开发这个富有前景的抗衰老研究项目,延长人的健康寿命。19岁的时候,她搬到了加利福尼亚的硅谷,开始走访投资者,推介她要创办的一家针对老年疾病寻求治疗对策的风险投资公司。直到今天,成为长寿基金的合伙人,拥有接近3亿美元的长寿基金,主要针对老龄化市场,并向公司或非营利组织投资,专门解决影响老年人的关键问题,如协调护理、管理慢性病、降低住院和再入院概率、预防疾病、维护健康以及任何与老龄化有关的公共卫生问题。如劳拉所述,她的人生目标就是要"找到治愈衰老的方法"。

初次听到这个说法,我就想:你要怎样"治愈衰老"呢?劳拉的观点,是想从生物学的角度延缓衰老的过程,从而延长人的健康状态。从这点就能看出她的确很了不起。然而,尽管我十分赞赏她实现人生目标的热情,却觉得这种"治愈衰老"的说法让人不敢苟同。因为,把衰老看作一种需要救治的疾病是一种较为普遍的错误认识,而这样的认识恰恰漠视了人们随着老去而获得的益处——从人生经验中总结出的智慧,从人际关系中获得的满足，追求人生目标的成就感，感受到的生活乐趣，奉献社会时所获得的充实感……变老，并不是步入中年后才开始的，而是整个人生的进程。从出生的那一刻起，直到离世的那一日为止。

过去人们老说，能否健康长寿往往取决于父母的遗传。而时至今日，人们发现，人类的健康状况只有20%有赖于基因，20%则靠卫生保健，而剩下的60%取决于人的社会性、行为方式以及环境方面的因素。许多人的健康都会受到生活中各方面选择的影响，如所选的食物、运动量大小与方式、居住的地方、人际关系的好坏、吸烟与否以及抗压能力等等。实际上，70%的脑中风和结肠癌病例，80%的心脏疾病病例，90%的Ⅱ型糖尿病病例，大都是因为不良生活方式诱发的。

在整个人生中，人们在健康保养上的选择会对变老以后的生活质量有着持久的影响。就拿骨质疏松来说，我们知道这个症状主要出现在老年群体中，因此，它往往被认为是老年病。但国家健康研究中心的研究人员表示，骨质疏松其实是在老年阶段显现的儿科疾病。换言之，如果年轻的时候没有摄入足够的钙以储存足够的骨质，那么就已经出现缺损。只是这种影响人们不到老年是看不出来的。

从心血管疾病、Ⅱ型糖尿病以及其他慢性病中，人们也可以看到类似之处。这些疾病的患者，的确大部分是老年人。但年轻时长时间泡在沙发里、吸烟、不良饮食习惯、眼睛疏于防晒以及其他不利于健康的行为，才会让人在步入老年时为之付出健康代价。如今，人们的寿命越来越长，这些问题自然愈发凸显。

关于这些问题，有个好消息要告诉大家：如今人们已经可以影响并且控制大部分因素，从而获得健康的老年生活。随着时代的发展，如今社会有着各种资源和专业技术来控制健康状况。触手可得的科学研究、技术革新，使人们有可能按自己的意愿来照料自己或让他人照料自己。医疗方面的创新与科学突破帮助人们享有更长的寿命。大数据的收集工具与分析技术有助于人们做出更好的决定，从而得到最好的健康照料；而社区服务的完善和新技术的发展也为人们的健康生活创造了更优质的环境。

然而，同时也有一个坏消息要让大家知晓。就拿美国来说，医疗卫生体系往往过于关注疾病诊疗方面，而在预防疾病和改善民生幸福方面的投入度仍有待提高。在美国，每年医疗卫生方面的开销近3万亿美金。按人均计算，美国的卫生保健花费是全世界最贵的。2012年，人均卫生保健费用为8745美金，比同项开销位列世界第二的挪威高出42%。然而，尽管开销之巨超过任何其他国家，美国的医疗体系却不尽如人意。联邦基金的一项研究显示，在就医疗质量、就诊难易以及治疗效率三个方面开展调研的11个国家当中（澳大利亚、加拿大、法国、德国、荷兰、新西兰、挪威、瑞典、瑞士、英国和美国），美国排名倒数第一。与其他高收入国家相比，美国人的健康状况较差，预期寿命较短。美国50岁以上人群心血管疾病及其他慢性病的患病率较高，5~17岁儿童当中，有1/3过度肥胖，这让他们首次成为比父母一辈病情更重、寿命更短的一代人。

面对这样的情况,我们不能坐以待毙。身体是人获得长久人生、幸福人生、健康人生的本钱。没有一个健康的身体,哪来的能量与动力追求快乐生活?不论是开展日常工作还是履行责任,不论是参与工作还是做志愿者,都需要一个健康的身体,更遑论建立有意义的人际关系和投身社会当中!所谓健康,不仅是不得病,更是让人们感受生活的活力和幸福感,是以一种满意的方式寻找有意义的人生。要获得健康,我们不仅需要有良好的血压、血脂、血糖或心率指标,不只是修复功能型障碍或消除疼痛,更要综合考虑身心、情感、经济、社会和精神状态等多个方面,才能保持活力满满的生活方式。人们需要把紧盯医疗保障体系的眼光放远些,多考虑自己的社区环境、工作场所以及日常生活中的方方面面。

如果要把老龄化当作不断成长和发展的一段时期,人们就应该积极努力地调整身心健康,而非把注意力放在减少治疗上。仅仅关注疾病的治疗虽说重要,但我们也需要拓宽视角,关注疾病的预防和保养,这就要求我们更新关于健康文化的认识。

被延长的中年

预防比治疗更重要

阿图·葛文德医生在他的著作《身为凡人》当中写道："我们已经把变老这件事医学化，而这种尝试并不成功。"他的观点是对的。在 45~64 岁人群当中，有近 2/3 都患有至少一种慢性疾病；而 65 岁以上的人，有超过 85% 患有多种慢性病综合征。前文中，我已经提到美国儿童群体肥胖症比例偏高，但美国肥胖症比例最高的年龄段是在 40~59 岁。长期以来，美国领导人非常注重医疗保健的质量，降低或至少稳定看病的成本，在医疗保健上的开销逐渐增加。与此同时，我们也在逐步解决社会物质及政策对健康和医疗保健的影响问题。对许多人而言，身体的健康是追求的主要目标，但也知道永远都不可能完全达成。人们往往把健康与生活的其他部分区别对待，而没有把它看作是实现人生价值、追求快乐与充实的基础。

如果人们接纳完整且具有包容性的健康理念，将其作为幸福的助推器，这会成为健康文化的巨大转变。这不仅需要假以时日，更需要社会各阶层的参与。它可以改变人们在健康和医疗体系内相互联系的方式，甚至包括了健康与社区、商业、公司活动、学校以及教会的关系，涉及日常生活中会影响健康状况的方方面面。

罗伯特·伍德·约翰逊基金会主席里莎·拉薇左·默瑞是改变健康文化的倡导者，在此方面任何人无出其右。和基金会同事一起，里莎投入了大量的时间、精力和资源，去调查研究如何改变美国人的健康状况，提升人们的身体素质和活力。她的调查结果显示，人们需要运用综合方法，调动社会各界参与合作，而不仅仅限于医疗体系当中，由此才能解决社会、经济、物质、环境以及精神健康因素和幸福的需求。首当其冲的就是，将健康观念纳入人们的共同价值观中，认可健康对个人追求、社区发展以及建设一个强大的、有竞争力的国家而言是重要的组成部分。当然，这并不代表每个人对自己的健康标准都需要一个一模一样的要求，而是告诉人们，追求、维持和修复健康是优先要务。在从事基金会工作之后，我逐渐意识到，要想创造一种将幸福置于生命中心的新文化，就必须改变观念、改变期望值、改变价值观。

而这一切，又牵涉到四个主要方面的转变。首先，要把紧盯身心衰退的目光放到维护身心健康上；其次，把对治疗的关注转移到疾病预防上，保持健康，获得幸福生活；再次，将自己的角色从依赖型患者转变为积极运用医疗保健体系的用户；最后，是许多人仍不具备的条件——获得可靠的护理。

主动维护身心健康

将变老视作一段成长与发展时期，而非漫长的衰落之旅。随着年龄的增长，人们开始将健康视作保证生活质量的关键因素，而人们也逐渐意识到，健康与日常生活方式息息相关，而与看医生的频率无关。随着平均寿命的增加，人们为了能够充分享受生活，越来越关注如何保持身心健康。身心健康并不是脱离于人们生活之外的事，而是把人们生活中的不同方面聚合成整体的黏合剂。身心是否健康，影响着人们与亲友之间的关系是否融洽，决定着人们是否具有参与工作的能力。人们不愿受到疲劳、疼痛和疾病的困扰，希望在年龄增长的同时依然能够应对身体上的变化，不想在追求目标时出现倦怠。因此，人们也在寻求更好的方式来维护自己的健康。

在如今的现代医疗保健模式下，医生们往往更注重发现人们身上的毛病，然后使用他们熟悉的方式，如药物、手术或理疗来治疗。而作为普通人，我们却对另一些问题更感兴趣：首先，如何避免生病？其次，如何保持身体的活力？再次，如何保持身体健康以支持自己能够做想做的事情？

对于疾病，医生和普通人的关注点也不同。医生的关注点往往只在检查结果、感染率和发病率等。而普通人则更关注疾病对自己生活的影响。譬如听力衰退，许多医生会认为这不过是身体出现问题后引发的疾病，应对方法就是遵循医嘱治疗。而对于患者而言，这会影响日常生活，事关自己以后的生活质量。疾病可能会让人丧失自理能力，导致人际关系紧张，甚至还会诱发安全隐患。医生关心的是医疗成果，而普通人则更关注如何减少疾病对自己生活的影响，以保证生活质量。这时，人们就需要面对一个问题：为了保证生活质量，人们该采取什么措施将健康咨询服务和医疗管理引入日常生活中？

随着时代的进步，越来越多的人开始主动规划自己的医疗保健计划，寻求更多更好的信息来帮助自己做出更合适的健康决策。人们希望能从医生处获得专业帮助，来了解日常生活中预防疾病、保持健康的方式；也开始注重人生价值、生活方式以及这些方面对我们人际关系的影响。人们希望医护人员能帮助他们改变生活方式，预防身心疾病，增强体魄，而不仅限于生病之后的治疗。人们认为，如果医生能够介绍预防疾病、保持健康的方法，远比在生病后才给予的服药建议更有意义。

当着手写作这本书且深入思考了种种问题之后，我就开始采取更健康的日常生活方式，以保持自己的身心健康。如今的我，戒掉了所有含糖饮料，每天摄入水分和蔬果的分量都有所增加。我的私人医生琳达·科尔曼常常会在清晨五点半给我发短信，因为她知道我通常在那时就起床了，所以要监督我是否在进行健步走。我承认自己之前并不是每天都能遵照她的建议。不过，我最近在手机上安装了一个叫Fitbit的软件。有了这个不错的小工具，我每天更勤于锻炼。因为有了它，我每日可以随时随地查看自己的运动状况。

将注意力从治疗转到疾病预防上

我和年过五旬的人交谈，会发现他们中的大多数对自己的未来相当乐观。因为他们终于可以有时间自由地做自己想做的事，以自己的方式享受生活。而且，这些人也很清楚，在追求自我的过程中，保持身体健康十分重要。他们平日里谈论的大部分话题是去远足、与孙辈聊天、自己一直想要的假期或者家务问题。关于健康的话题，也是他们热衷的，他们会互相交流预防疾病的方法。随着年纪的增长，有一部分人因生病或某一方面功能的退化会产生生活无法自理的担心，他们害怕成为亲友的负担。关于这方面的恐惧，不亚于死亡所带来的恐惧。因此，想方设法保持身体健康，培养良好的生活习惯，避免身陷疾病困扰，才是我们最应该做的事情。

知道这一点后，相信大家都不难理解为何美国年过 50 的群体可以创造出 5000 亿美元的医疗保健市场。这一市场，由保健产品和预防疾病服务构成，涵盖了维生素及营养补充剂产品、体重管理产品和课程、强化食品和饮料、运动课程和设备以及健身俱乐部会员等多方面。像食品药物方面的沃尔格林、百货方面的塔吉特、药品方面的西维士等大零售商店现在都提供店内问诊服务，帮助顾客进行预防性疾病筛查和营养评估。同时，数码产品领域也正在经历健康咨询和健康软件设计的大爆发。这一切都旨在帮助人们获得更好的生活。

一项研究的统计数据显示，在 2014 年，96% 的美国网民都会应用健康软件监测健康状况。美国最大的医疗健康服务网站 WEBMD 在 2014 年一年里就有 1.5 亿人次的访问量。而 IOS 和 Android 两大领先的移动平台系统中，有超过十万个相关的应用程序，其中大部分是针对健身或慢性疾病养护开发的。

现如今，许多公司为了避免雇员医疗成本攀升，也在保持雇员身体健康、保证生活幸福方面发挥越来越大的作用。在美国，凡是超过200名雇员的公司，有90%都制定了健康管理项目。其中，包括给雇员提供健身房或健身卡的折扣优惠、戒烟计划、生活方式课程、营养学课程、免费接种流感疫苗以及员工疾病预防筛查。

政府也紧随其后，在促进国民健康和生活幸福方面的投入越来越多。譬如，平价医疗法案；向企业提供资金以鼓励企业为员工制订健康计划；为医保投保人提供每年一次的免费健康咨询、免费筛查各种生活方式病和癌症、接种疫苗等。美国卫生与公众服务部的报告显示，拥有私人健康计划的7100万美国人及3400万名医保投保者，每年至少享受一种免费的预防性服务，如乳房X光检查、流感疫苗的接种或健康咨询。

所有这一切都告诉我们，在医院之外，人们也在努力为促进健康和幸福寻找预防疾病的方法。作为消费者的人们，正在寻找更多更好的产品、服务计划以帮助自己预防疾病，保持身心健康，实现幸福生活。而企业和政府也在增大相应投资，提出如上述的员工健康新计划及其他激励措施，使人们更多地关注如何维持健康、预防疾病。

可惜的是，美国医疗体系主要关注力从疾病治疗方面向疾病预防方面转移的进程还是非常缓慢。

有一些医疗服务人员已经接受了方兴未艾的生活方式医学。

例如，旧金山加州大学预防医学研究所创始人兼主席、临床医学教授迪恩·欧尼斯医生发现，营养全面且以蔬果为主的饮食方式、适度的运动，包括冥想和瑜伽在内的有效压力管理技巧及社会活动，可以扭转重症冠心病的病程发展，未来或许有可能逆转Ⅱ型糖尿病，亦能延缓甚至逆转早期前列腺癌的发展。现在，欧尼斯医生的心脏病患者生活方式项目已经被纳入美国国家医疗保险和许多私人保险计划中，免费向国民提供。欧尼斯医生说："生活方式医学不仅仅关注生命的长度，而且还关注人们的生活质量。它所涵盖的多方面因素，可以将惧怕死亡的生活转变为充满乐趣的生活。"

令人遗憾的是，欧尼斯医生的生活方式医学还只是个例，未成惯例。为什么美国临床医生看待健康的角度与普通人如此不同？答案很简单，美国的医疗系统当初是为让患者受益而设立，并非针对健康人群所设计。美国医疗体系中也没有实实在在的财政支持发展预防医学。另一方面，从医患关系的角度也能找到答案。医生、护士在改善诊疗效果方面能为患者提供有价值的信息，我们要做的就是必须掌握这些信息。

只有遵照医嘱才能得到更好的生活，而这也要求人们必须从依赖性患者向主动性消费者转变。

我们是消费者，不是患者

大家知道吗，患者和消费者有什么区别？或者说，真的有区别吗？医生对待患者与医疗保健提供者对待其消费者相比，两者之间存在着差别吗？健康保健消费者与患者之间又有什么不同吗？

对于这些问题，很多人都认为消费者与患者这两个群体没有什么不同，医生对待两者也没有差别。但我却不这么认为，我觉得两者还是有区别的。事实上，我还相信，正是这个区别让我们对医疗体系框架做了重新界定，而引发的变化还不仅仅在名字上。在美国国家范围内，所有提供医疗服务及支付医疗服务的所有参与者之间，他们的关系时刻在发生着变化。现在是时候更新一下人们的认识了。

那么"消费者"和"患者"之间有什么区别呢？消费者是一个带有积极意义的名词，意味着一个人所做的某事，是在主观意愿驱动下做的。而相比之下，患者则需忍受痛苦、毫无怨言地面对麻烦和困难。时至今日，在诊所和医院里，你可能还见不到太多的"消费者"。

相比消费者而言，患者一词显得更为被动。患者在任何事务面前只能接受或忍受，而消费者可以着眼于自己的利益，去使用、购买并寻求满足。因此，寻求医疗保健的消费者是在使用或购买保健产品及服务，从而满足他的自身需求，而患者的积极性则较弱，只能被动接受医疗服务。尽管医护人员或许不会区别对待"消费者"和"患者"，但可以确定的是，"消费者"与"患者"看待医护人员的心理一定不同。这就是消费主义可以悄然改变整个医疗体系中医护关系的缘故。

消费者不仅仅希望"得到"健康护理,他们更想获得平等的对待,与医护人员建立合作的关系。作为消费者,人们不喜欢逆来顺受,而是希望在接受治疗的过程中自己的意见能受到重视。他们想要的是一种满足感,看到花钱出成效,而非花钱找罪受。他们渴望的是妙手仁心,期待着自己的救命钱都花在了刀刃上。

患者在治疗过程中,总会觉得自己是处在医疗体系的怜悯下,而消费者在决定有关健康的选择时,却会认为自己是决策的协作者,且有权根据自己的利益行事。他们这种权利感来源的三个要素,就是信息、技术以及较强的自我责任感。

毫无疑问,关于保持身体健康的信息及其得以实现的技术,正在推动消费主义在医疗保健体系中的发展趋势。除此之外,人们,尤其是正步入老龄的"婴儿潮一代"成员,对于信息的不同偏好奠定了健康文化发生重大改变的基础。

健康保险尤为重要

优质的医疗保健系统更注重让人们保持健康,而不仅仅只是在生病时做出诊治。当今美国医疗模式下,人们会优先根据医保覆盖范围选择治疗方式。在考虑保证生活幸福这一意义上的身体健康时,就需要拓宽思考的边界。这不仅仅是健康保险的问题,更关乎人们是否能够接受正确的医护照顾,按照自己的意愿保持生活方式,获得在管理自身健康中所需要的全面持续的关怀,以及接触到准确的工具和咨询,以帮助自己在生活中做出更加健康的选择。此外，人们还需要能够保障营养食品的摄取、合适的住房条件、良好的就业机会以及健康安全的生活环境。

有一点我必须强调，拥有自己的健康保险至关重要。没有健康保险，人们就无法获得有效的临床医护与健康服务，其中包括了预防保健。一旦生病或受伤，没有保险的人可能会面临较差的医治效果，生活质量大打折扣，甚至还会有早逝的危险。

没有投保的人群通常比拥有健康保险的人健康状态更差。他们往往会推迟或放弃所必需的诊治，且不会遵照规定的处方抓药。无论治疗效果是否令人满意，在可预防疾病面前，他们因病住院的风险更高，而且会因拖延就医导致病情恶化而错过最佳就诊时间。如果被诊断患有慢性疾病，他们则不太可能接受持续的医治，这就导致其健康水平每况愈下。他们也不太可能接受预防保健，也不会听取建议做常规体检。这可能会延迟癌症及其他类型疾病的发现，因而未参与健康保险者的死亡率明显高于投保人。

平价医疗法案的出台使得以往没有健康保险的人得到了保障。事实上，美国已有1600万人受到了平价医疗法案的覆盖。此外，平价医疗体系也提供了更多的预防性服务，同样也与国家老年人医疗保险制度双轨并行。

未参与健康保险的人群并不是唯一没有采取预防保健的群体。在50~64岁的成人当中，只有25%的人群持续进行癌症筛查和其他预防保健。美国人每年因癌症、心脏病、糖尿病和其他常见可预防性慢性疾病导致死亡的比例占全部死亡病例的70%，相关开销占美国医疗保健支出的75%。根据一项研究数据显示，就算每一个美国人只进行五种预防性筛查与保健，如结肠癌、直肠癌和乳腺癌筛查，注射流感疫苗，参与戒烟辅导，并定期适时服用阿司匹林，美国每年的死亡人数可以减少10万。这真是一个令人震惊的事实，这么多生命都是因为没有进行某种特定疾病的简单筛选就草草结束。即便在今天，美国老年人仍面临着许多复杂问题，固有文化观念和政策的革新推动也十分艰难。但是，像疾病筛查这样简单有效的保健方式，人们绝对不应该无法参与。因此，我希望读到这里的你，可以向身边人多多宣传健康体检的重要性。

可靠的护理代表着是否能够获得正确的护理。我曾看到一个令我吃惊的统计数据：在美国老年人口数量即将迎来爆发期时，全国145家医学院当中，只有11所院校设有老年医学系；每年只有不超过400名的年轻老年科医生步入岗位，而在美国总共只有7000名老年人专科医生，这就意味着75岁以上的老人每2000人才会有一位专科医生；专门从事老年看护的护士只占护士总人数的1%，全国只有4%的护工在老年病患者护理领域中工作。与此同时，许多医院为了控制成本，还在削减对老年病学的投入。这样的举措毫无意义可言，且在与老龄化社会背道而驰。这种情况的出现，正是因为当今社会根本不重视老年病医生所作出的贡献而造成的。老年专科医生，凭借自己的专业，可以帮助老年人保持长时间的独立自理，远离医院、疗养院和急诊室。更重要的是，正因为受过专业培养，老年专科医生能够全面地看待患者，不仅能治疗特定疾病，还能帮助患者达到身心健康。一想到未来15~20年间，老龄人群会迅猛增长，人们就应该知道该将这些事分个轻重缓急了。

健康文化观念的转变和社会制度的改变并不容易，也不会一蹴而就。因为去医院就医，遵照医嘱按时服药，往往比日复一日地操心合理饮食、坚持运动、纾解生活中的压力要容易得多。然而，后一种方法不仅仅能帮助人们控制血压，更能给人们提供额外的健康福利，提高人们的生活质量和幸福感。文化观念的转变势在必行，实际上也正在悄然发生。这种变化正是由你我这样的人引领的，因为我们想要充分利用中年时光，淋漓尽致地享受生活。当改变自己心态，将注意力放在保持身心健康而非担忧衰老上，思考保持健康如何有助于我们的整体幸福而不仅仅只是治疗疾病、缓解不适。我们将成为手握权利的医疗保健消费者，而不仅仅是依赖型患者。因此，我们需要更可靠的途径获得所需要的医护、咨询与服务，以引导更健康的生活，增强我们整体的幸福指数。

我们正处于独一无二的时代，社会变化势不可挡。与巨大的老龄化社会并行发展的还有生物医学、基因学、健康技术等方面前所未有的革新。这一系列趋势，裹挟着被人口老龄化催生的需求、健康与幸福相关产品的开发，伴随着因技术创新驱动的服务，它们将以我们无法想象的方式阻断老龄化进程，给我们带来新的机遇，选择未来的生活方式和养老模式。

被延长的中年

一个关于健康的新方案

科幻作家威廉·吉布森创造了"塞伯空间"一词，极富远见地指出"未来早已到来，只是尚未平均分布"。这句话，也可以用来描述现阶段健康方面的这场革新。科研技术以及新的商业模式正在以难以置信的速度前进，新产品和服务被广泛引入市场，帮助人们更好地掌握健康。世界500强企业中，有38家公司已经进军医疗保健领域。例如，通用电气和英特尔公司合作开发了家庭医疗监护技术；谷歌成立了一家新的生物科技公司Calico，以更好地研究老龄化和疾病；威瑞森电信开发了跌倒警报监视器；美国电信公司AT&T对远程医疗和远程监控设备进行了大量投资；雀巢公司旗下医学营养品公司投资了胃肠道健康领域，并计划在未来涉足脑健康。麻省理工学院年龄实验室创始人兼主任约瑟夫·库格林教授表示，推动产品和服务创新的五项主要技术为信息技术、机器人、遗传学、用户体验和服务引擎。

信息技术的发展给我们带来了物联网，将世界各地的人与物联系在了一起。越来越多的智能家电运用在人们的生活中，如TOTO智能坐便器、LG智能控温冰箱。类似Fitbit、Jawbone和Nike+这类可以记录步数、消耗热量及睡眠质量的智能手机应用软件被人们广泛使用，甚至还有一些活动与行为监测软件。福特汽车公司还推出一个过敏警报系统，为司机提供外部空气质量分析。这是诸多计划开发的系统中第一个可以提供有关空气质量信息，甚至还能提供车内乘客的心率或血糖水平的软件。

正如前文所述，我现在已经成了 Fitbit 的忠实用户。在它的帮助下，我变得越来越精力充沛。最近有一项针对人们日常运动量与睡眠质量监测的研究表明，在佩戴着监测设备的情况下，50岁以上人群中有 3/4 的用户有意识提高了对运动、睡眠以及饮食习惯的关注，近一半人改变了自己的生活习惯。这项研究也表明，50 岁以上的人们发现这一类软件能够给他们提供建设性意见和及时的反馈，帮助他们达到健身目的。对于这类软件而言，拓展用户的关键是它们变得更易于使用和维持；减少强制性功能，多添加其他功能（如及时提醒和迅速访问），以增加客户良好体验感。

许多智能设备和应用程序已经可以做到帮助人们促进身体健康和享受幸福生活。譬如，移动机器人（独轮车机器人和步行机器人）、社会伴侣机器人、智能小家电（真空吸尘器和自动割草机）、电动轮椅和可以自动分药的服务型机器人等等。现在最新款的自动挡汽车已经配有碰撞预警系统，谷歌甚至已经制造出无人驾驶汽车。我们带着基金会董事会成员去硅谷参观时，其中一位因患过小儿麻痹症而行动不便的董事，试驾了无人驾驶汽车，觉得这个创意非常棒。这位董事说这项发明可以改变他的生活，为他带去多年未曾体验过的行走的自由。

2003年,人类基因组计划的研究人员完成了对人类基因组的测序和绘制。自此之后,科学家们就一直在探索通过遗传学提高人类的健康程度的可能性。尽管12年后的今天,人们在这方面已经取得了重大进展,但仍只是皮毛而已。如今,商业性基因检测服务已得到广泛应用,它们不仅能帮助你了解自己所传承的基因,同时在发现遗传疾病家族史方面也非常有用。随着使用率的增加,基因检测可以预测人体的健康情况,并引入更具个性化的药物治疗,帮助使用者决定服用哪种药物,进而预防疾病与亚健康状态。

随着越来越多的服务提供商参与到这一项服务革新中,用户也从中受益颇多。许多在本地开展业务的服务商让人们的日常生活变得更加便捷,譬如现代人所熟知的共享经济或按需经济。

现在,人们即使没有自己的汽车或摩托车、没有可雇佣的助理,也能通过预订服务而获得日常活动的便利。举些例子:优步或Lyft提供的交通服务;任务兔提供的家庭维护服务,通过这个平台你可以雇人帮您跑跑腿或者修理家电;短租平台爱彼迎提供的酒店服务;甚至还有像罗孚和狗狗假日(DogVacay)这样的宠物寄养平台。

服务市场繁荣的助推器,有赖于越来越多的商业性应用程序、服务和非正式在线网络服务的研发应用。这一切都影响和改变了美国老年人维护健康的行为。现在,美国老年人可以从服务市场中获得居家健康和护理服务、健康咨询和相关网络服务。

所有这些令人兴奋的创新方式正在改变医疗保健观念，使人们在保持健康方面有了各种崭新的机遇。但要想把现在的"病患医治体系"改变为真正的"健康医疗体系"，我们还有太多的工作要做。这种转变，需要我们持续推进支付体系，由按量计价医疗向按质计价医疗转变；需要通过提升医疗效果来降低医治成本，而不仅仅是将成本转嫁到患者或消费者身上；要将医疗便利化，把小诊所、远程医疗及其他创新方式纳入其中；要提供更多的综合护理，不仅仅通过医生的问诊，更要带动护士、社工以及精神健康专家，挖掘他们的潜能；还要让每个人都能获取所需资讯，通过必要的工具管理自己的健康。

在退休者协会，我们也在开发更多针对性方案。2014年10月，我们与联合健康保险公司一道推出了"长寿网络"，用以促进医疗卫生创新，提高人们步入老年后的生活质量。我们关注的领域涵盖用药管理、医护领航、生命体征监测、应急化验与反馈、体质健康、饮食营养、活力享老、社会参与度及行为情绪状态等。

此外，我们每年举办两次"健康创新@50+生活服务展销赛"活动，把投身于50岁以上人群健康技术与创新领域的企业家和创业公司集结起来，与风险投资家、其他潜在投资者和消费者共聚一堂，实时体现市场反响。自从我们四年前创办展销赛以来，30名决赛入围者中有15人筹集到了5000万美元的投资资金，另有两家公司因被其他公司收购而退出了评比。

在展销赛基础之上，我们还联合了医疗保健领域的顶尖团队——联合健康保险公司、辉瑞制药公司、罗伯特·伍德·约翰逊基金以及美德思达商业医疗保险公司推出了"催化剂计划",将50岁以上的消费群体视为服务创新的核心受众。

2014年年底,我们与摩根大通私募股权集团合作,推出了退休者协会创新基金,这项4000万美元的投资基金可谓史无前例,专注于为健康护理和老年化提供创新的解决方案,以改善50岁以上群体和他们的家庭生活。退休者协会创新基金将直接投资三个在医疗保健相关领域开发创新产品和服务的公司:居家养老、获得医疗保健的便利程度以及健康预防。

因此,我想着重解决两个尤为关键的问题。因为如果不能正面应对,所有的努力都会被逐渐瓦解,人们的健康也会面临巨大的威胁。

谁都会成为和照顾相关的人:照顾别人或被别人照顾

生活中,大多数人都会照顾家人或亲友,也会从他们那里获得照顾。前第一夫人罗莎琳·卡特说得很对:"世界上只有四种人,曾经照顾他人的人、正在照顾他人的人、将来要照顾他人的人和那些需要被照顾的人。"

随着人口老龄化,越来越多的人生活在慢性病的困扰中,如关节炎、高血压、糖尿病、冠状动脉疾病和哮喘等。通过医疗干预、调整生活方式、拥有更好的健康预防信息和公共卫生的进步,整个人口平均健康水平比半个世纪前更好。面对同样的疾病,今天的人们可以生活得很好，而50年前的人们就没这么好命了。

然而，当到了七八十岁甚至九十岁，身体变得越来越虚弱时，这些慢性病便开始威胁我们的生命了。到了这个岁数，许多人都需要旁人的帮助。2012年来自Genworth保险公司的一项医护成本调查显示，65岁以上的人群中有70%的人需要长于90天或更久的长期护理。

人们寻求帮助的第一个对象，往往就是自己的家人，而家庭成员也正是长期护理的主要支柱。事实上，大多数国家都是如此。据估算，美国4200万个家庭的看护者每年所创造的经济价值高达4700亿美元。这还没有把美国企业生产力损失的330亿美元算进去，主要是在生产时间上的损失。

随着平均寿命的延长，人们会把越来越多的时间用于照顾年迈的父母或亲人甚于照顾孩子，这已是不争的事实。许多人，尤其是那些年龄在45~55岁的群体，还有可能身兼数职，一方面养育子女一方面照顾父母。更有甚者，他们还需要照顾祖父母。比如在退休者协会的3800万会员当中，有40%的人同时照看着孩子和父母。这就让许多人在作为照看者的同时，在某些时候，也需要他人的关心。

如今，越来越多"婴儿潮一代"成员因为需要承担照顾年迈父母或亲戚的责任，正在与国家的长期护理体系面对面沟通。总而言之，他们对现状颇多不满，认为这个体系太复杂、太混乱而且价格昂贵。

在这个现实之上，我们还发现，到2050年，美国75岁以上、由单身女性做一家之主的家庭预计会从2010年的600万增加到1300万。这一数字更让我们认识到，现有的长期护理体系亟待改善。

美国联邦政府多年来一直在努力寻找方法，为家庭照顾者提供帮助。作为平价医疗法案的一部分，居所辅助性服务与支持法案致力于建立一个自愿参与的公共长期护理险，但最终胎死腹中，医疗补助计划成了政府所能提供的唯一一种对长期护理的支持。目前，由参众两院核心组成的新两党合作小组在国会山成立了"今日协助照顾者"组织，正在寻找办法通过引入增值政策，给家庭照顾者提供支持。

社会上长期护理保险市场也有所下滑，各类公司始乱终弃。消费者也不愿付昂贵的保费，认为保险回报跟不上飞涨的护理成本。但是随着发展的革新，各类公司和企业家们重新认识到这部分需求的增长，又开始为满足需求寻找办法。比如，由舍温·谢赫创办的专业保姆网站凯尔林克斯公司（CareLinx, Inc.）。

四年前，舍温放弃了银行业的事业并创建了凯尔林克斯，帮助家庭寻找最符合要求和预算的家政服务人员，相当于婚恋网的家政服务版本。他希望给消费者提供能够负担得起的家政服务，也希望能给家政服务从业者提供丰厚佣金避免人才流失。因此，他创建了凯尔林克斯，一方面帮千万家庭省钱，另一方面提高了家政人员的收入。而正因为他长年照顾妹妹、母亲和叔叔，有着丰富的经验，所以他对家政服务从业者一视同仁，不仅仅只将其作为雇员对待，而更像是家庭中的一分子。

凯尔林克斯不仅仅是给家政服务从业者和需求家庭牵线搭桥，还帮助家庭和家政人员管理所有医护手续方面的事宜，给每一位客户提供专门的医护顾问，并为雇主开发了应用程序，可以通过电脑和手机监控家政人员的活动。凯尔林克斯目前正服务全美国各地 2000 多户家庭，业务遍布 50 个大型城市，拥有超过 10 万名职业家政服务人员。

还有另一个很好的例子，就是打破市场诅咒的荣耀公司（Honor）。

它的创始人兼首席执行官赛斯·斯特恩伯格，发现母亲被开车问题而困扰，便开始对老年人如何拥有更好的独立生活产生了兴趣。他现在的目标，就是重塑家庭护理。荣耀公司实现了家政人员、老年人及其家庭的联网，通过结合家庭荧屏和应用程序，以一种新的方式让消费者安排家政服务，一小时起步并按时计价。目前，他们在旧金山地区推出了"崇尚此刻"功能，即刻解决问题，能根据需求预约家政人员上门服务，即时满足刚出院的患者或有其他情况老人的需求。

显然，要解决家政服务、护理需求需要做的还有很多。对于许多人来说，成为看护者所需要的过渡以及认识到自己需要照顾的过程是一个难题。认识到自己丧失独立性、发现开始忘记吃药、再也开不了车的确令人惶恐。同理，当见到至亲有同样的困难，明白我们需要亲力亲为去帮助他们时，会深深感觉到无处下手的无力感。然而，荣耀和凯尔柯林斯这类公司的创新服务让我们看到了希望，他们急人之所难，为日益高涨的需求寻求着更适合的解决方案。

警惕阿尔茨海默病

人口老龄化的另一个后果是，它让我们见识到了前几代人闻所未闻的疑难杂症。20世纪初，发达国家的平均寿命也只有50岁。而如今，世界大部分地区的人们都能活到七八十岁。这时，人们体质、精神甚至社会健康方面的功能性衰退就暴露无遗。

譬如，阿尔茨海默病，这个在20世纪初被发现的疾病，到了我们这一代，人们才认识到它造成的悲剧结果及需要为之付出的高昂代价。1909年，爱罗斯·阿尔茨海默医生在他发表的文章中描述了一位年仅57岁的女性阿尔茨海默病患者。阿尔茨海默病不单单由年龄增长而造成，但随着年龄增长，患病可能性也会增大。根据阿尔茨海默病协会的报告，85岁以上人群中，平均每四人中就有一人患有这种疾病。

随着人口老龄化以及人们寿命的延长，到21世纪中期，美国阿尔茨海默病患者人数预计将从2014年以来的500多万达到

1600多万人。如果找不到新的防控手段，美国医疗保险费用的1/3会被消耗在这种疾病上。令人欣慰的是，美国国内在这种疾病方面的研究终于取得了一定的进展。

阿尔茨海默病之所以成为疑难病症，主要是因为该病在发作前会潜伏很多年。如果想要进行预防性诊断，近年来唯一可行的就是进行解剖。但此举的实际操作性基本等于零。此外，美国医疗界对该病的实际病因仍存在分歧，进而难以设计临床试验来测试可能的疗法。目前，关于此病的大部分研究还是集中在如何延缓病程发展。一项研究发现，如果可以将阿尔茨海默病的发病期向后推延五年，美国国内阿尔茨海默病患者的数量能减少43%，节省超过4400亿美元的医护费用。

尽管尚无治愈之策，人们对阿尔茨海默病和其他痴呆症的研究也不曾停过，不断在研究如何保持人们的脑部健康。与退休者协会合作推广大脑健康计划的脑科学研究员保罗·努斯鲍姆医生，创建了一个五段式大脑健康训练：通过定期锻炼保持身体健康；保持学习，如去旅游、玩游戏、猜谜题、学习一门新语言或者乐器；学会管理压力，比如学会放松，让自己享受安静的时光；坚持健康饮食，避免摄入过多高脂高糖食物；多多参与社会活动，投身到自己感兴趣的事情之中，培养新的爱好，结交新朋友。

所有这些，都是人们每天可以进行的活动，也可以作为幸福生活的一部分。它们不仅能帮助人们保持良好的精神状态，也能帮助人们逐渐找到合适的生活方式，打造健康的老年生活。

被延长的中年

1997年8月4日，雅娜·卡尔芒在法国阿尔勒去世的时候，享年122岁零164天，是有史以来最长寿的人。她出生时，电话还没被发明出来，法国也还没有埃菲尔铁塔。第一次世界大战爆发时，雅娜40岁。到了第二次世界大战时，她就已经退休了。当她115岁高龄时，周围人纷纷向她请教长寿的秘诀，雅娜却说："我也控制不了啊，就只能一直变老。"

这个无比机智的回答，对于想要充分享受中年岁月然后过上健康老年生活的我们，实在没有什么建设性作用。我们得采取更加积极的手段来应对变老。很大程度上，人生中每天所做的选择都在决定人们以何种方式变老。而人们在通往幸福的岔路面前也比以往有着更强的信心。

麦克·阿瑟基金会长达十年的研究，让人们得知健康老年生活的模式：预防疾病，锻炼身心，投入生活。这意味着，在身体层面，我们要坚持锻炼，合理膳食，戒烟戒酒，遵照医嘱定期体检，预防疾病；而在精神层面，我们要多做大脑体操，投入生活，与家人和朋友保持联系，发展有意义的人际关系。

眼下，大家所面对的挑战，在于如何利用好有关生活和老年的信息、知识，怎样能受益于市场上层出不穷的创新产品与服务，以期提高幸福指数，每天都能享受到美好生活。身体不舒服时前往医院就医，无可厚非，毕竟有助于人们保持健康。但人们要意识到，我们毕竟不是长住医院，我们生活在有超市、便利店、办公室、餐馆、教室和游乐场的环境中；我们也活在媒介社会里，面对着电视机、电动游戏、电影和电脑屏幕；我们的生活还依赖着智能手机和电脑。最重要的是，我们住在那个有沙发可以躺着的家里。医生办公室不是规范行为和培养习惯的场所，也不是与亲朋好友相聚一堂之处。医生的探访和体检报告固然可以帮助我们保持健康，但要想真正控制自己的健康状况，我们就得投入到生活方方面面的选择当中，才能活出健康，活出精彩。

被延长的中年

行动起来
把控你的健康

在影响你身体健康的各种因素中，什么最重要？

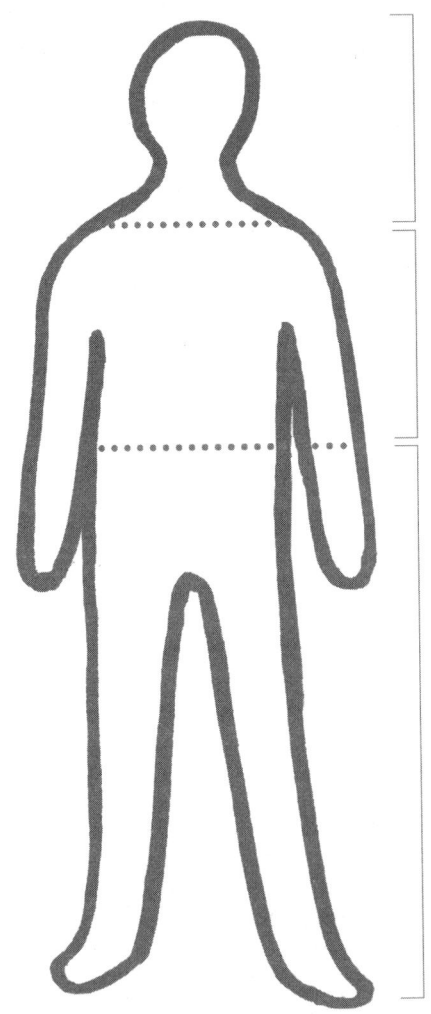

20% 由基因决定

20% 由医疗保健条件决定

60% 由日常生活习惯决定

《健康经济环境下的健康人群——马萨诸塞州行动计划》
波士顿基金会以及新英格兰卫生研究所编著
剑桥，新英格兰卫生研究所，2009

基因

你了解自己家族的遗传性疾病吗？在此方面，知识的确就是力量。

◎ 你遗传了怎样的先天体质？

◎ 家里人的遗传基因对你有无影响？他们是如何面对的？

◎ 到目前为止，你的健康有无反映遗传问题？在此情况下，你将做些什么来把控健康？

◎ 你的医生了解你的遗传情况吗？为了能够有效预防、治疗疾病，你们还应该考虑哪些方面？

◎ 你是否和自己的孩子们说过家族的遗传问题？在他们为此做出笃定的选择之前，还应该知道些什么？

被延长的中年

医疗保健条件

你得到应有的健康护理了吗？改掉旧有的消费习惯，把注意力放到护理上将对你的财务状况和幸福指数带来巨大的改观。

◎ 你是否找到了合适的护理提供者？你是否在这方面投入过多？

◎ 你是否为医生每次家访做好了准备？你是否拥有跟踪个人病史及健康状况的电子档案，记录自己的困惑？

◎ 你在和医生交谈时是否顺利？每次医生来访是否都是急匆匆的？你的问题医生都听进去了吗？

◎ 如果你选择医生就像买车一样仔细的话，会有什么改观吗？

日常生活习惯

相比其他因素，我们的日常生活习惯才是塑造健康的主要因素。不积跬步，无以至千里。

◎ 重新思考对于你来说何为健康生活，客观审视自己眼下的生活。

◎ 在生活中，哪一种有助健康的方式或习惯是你引以为自豪的？你又是如何一以贯之的？

◎ 在日常的健康护理当中，有哪样小事是你希望改变的？接下来你会做些什么来实现改变？

◎ 切莫孤军奋战！有没有一位可以效仿的人，帮你坚持下去，以达到健康的小目标？

第五章

选择你的住处

人生就是一场探寻归处的旅行。

——赫尔曼·梅尔维尔

...

我第一次见到玛丽恩·达德利是在 2012 年。当时，我前往弗吉尼亚州的夏洛茨维尔参加朝阳家园的开盘庆典。朝阳家园是个混合住宅区，里面有各种档次的出租公寓，配备社会性和社区性双重服务，可以保障经济弱势群体生活的稳定。这是美国非营利房屋施工组织仁人家园夏洛茨维尔分公司的执行董事丹·罗森斯维格的创意。家园选址就在朝阳家庭房车停车场内。而玛丽恩这时已经在停车场的房车里生活了 30 年。8 年前，她听说仁人家园买下了这块停车场，她以为自己和邻居很快就要搬离此处，变得非常沮丧。但是这位身材娇小的女士很快就摆脱沮丧情绪，一改往日的逆来顺受，在协调会议上据理力争。对玛丽恩而言，她的房车就是她的家，邻居们也好似家人。因此，她站了出来，代表她的邻居参与到仁人家园漫长的改造项目中。

仁人家园一直以来为买不起自有住房的家庭建造房屋，所以改造房车停车场对他们来说是个陌生的领域。但是罗森斯维格相信，他们可以打造出一个崭新的、永久的经济适用房小区，能够阻止其他开发商打这里的主意，迫使人们搬迁。住在房车中的居民们大多年龄较大，不愿晚年时还要承担抵押贷款，而且也负担不起。因此，仁人家园在改造之前，给房车居民们提供了两种选择，要么申请购买单间房屋，要么选择租住公寓。如果有人不愿意搬到建设好的朝阳家园住，仁人家园会帮他们寻找新家，并帮他们支付部分费用。据罗森斯维格介绍，这是国内首例没有强迫任何一位原住民搬走的房车停车场改建项目。

玛丽恩参与到仁人家园的每一步实施当中，确保改造满足每一位居民所需。"我们就像大家庭一样住在一起。"她说，"我也想将这种亲如家人的邻里关系保持下去。"朝阳家园建好后，房车停车场原有的16个家庭，除了两位不幸过世的居民、五家选择搬到别处之外，剩下的9个家庭都入驻了朝阳家园。在退休者协会基金会与克鲁格基金会的共同合作下，仁人家园还在公寓地下室建立起了新的社区活动中心。玛丽恩再次参与到建设中，确保它能符合居民们的需求。"我们不希望把它建成一个老年活动中心，我们希望年轻人也能加入进来。"她说，"我们更希望它变成一个促进代际沟通的社区活动中心，让所有年龄层的人都能融入其中，参与活动。"社区活动中心建好后，的确成了朝阳家园居民们相聚交流、互相学习的园地。活动中心为人们提供烹饪和园艺课程，还开展如针灸、瑜伽等多种活动。

玛丽恩承认，虽然适应新环境有一定的困难，她偶尔也会想念住在房车里的感觉，但她一直认为自己做了正确的选择。从新小区的门廊往外看，150米外就是她的房车停了30年的地方。这时，玛丽恩心中的满足感总会油然而生。她感到非常的自豪："作为朝阳家园的居民，我们现在有了更好的居住环境，价格也合理，还可以享受到多种服务。最重要的是，大家还都住在一起。"

玛丽恩·达德利和她住在朝阳家园的这些邻居们想要的和我们大部分人在年老时想要的一样。一个宜居的社区、一间能够负担得起的住房、特色的社区活动和服务以及便利的交通环境，这一切保障居民在生活中的独立性，同时也促进了他们在社会生活中的参与度。一个宜居的社区是各个年龄段的人们都能够享受舒适、健康生活的地方，从那里可以安全到达想要去的地方。2014年，米尔肯研究所发布了第二份关于最佳养老城市的报告。这份综合报告主要以六个宏观标准来衡量和比较美国352个大都市地区并做出排序。报告中提出了能让居民实现自我且在老年阶段也能为社会和其他年龄层做出贡献的环境标准。这些标准包括：经济实惠、安全便捷的生活环境；能够提供工作机会和创业机会以获得财务保障；成年居民的生活丰富度；流动便利的交通系统；良好的社区氛围；物质和文化的丰富程度。

在这些宏观标准之下，米尔肯又细分了八个子项进行评估：一般指标、医疗保健、幸福度、生活安排、交通便利度、财务状况、就业与教育以及社区参与程度。这份报告有三项排行榜，人口老龄化总体排名、65~79岁人口数排名以及80岁以上人口数排名。从米尔肯研究所的报告来看，美国最适合居住的五个都市区是：威斯康星州的麦迪逊都市区、内布拉斯加州与爱荷华州的奥马哈—康瑟尔布拉夫斯都市区、犹他州的普洛佛—奥瑞姆都市区、马萨诸塞州和新罕布什尔州的波士顿—剑桥—牛顿都市区以及犹他州的盐湖城。虽然这些社区都有自己独特的宜居元素，但他们也有着共同的特质，例如经济实力雄厚，健康服务丰富优质，生活方式积极，智力刺激机会较多，设施便利实用。

如果想进一步了解美国各社区的宜居程度，退休者协会已经提出宜居指数这一指标，对跨越七个领域的六大方面要素进行测评，包括住房、邻里、交通、环境、健康、参与度以及机会。只需访问网站 www.aarp.org/livabilityindex 并输入居住地的邮政编码，就能根据访问者对宜居要求的侧重点，将目标社区与其他社区进行对比。

许多人发现，随着年龄的增长，那些习以为常的事情会变得越来越困难。譬如，随意四处走动，购买健康的食品，获得像保健、美容或理发这样的服务，以及提着东西来往于杂货店之间。人们的欲望和需求随之改变，但是所处的环境却不足以让我们适应这些变化。这些就是我们需要解决的问题。我们需要随处可见的交通标志、方便扶手、无障碍通道、畅通的人行道、带长椅的公共汽车站，容易到达的图书馆、公园、电影院、杂货店、药店以及可以和朋友们聚会的地方。

幸而宜居社区开始变得越来越普遍，而且不仅仅可以适应老年人的生活要求，也可以造福于每一个社区居民。一开始，我很难想象有什么事物可以让一个80岁的老太太、一个30多岁的成年女性，甚至一个8岁的小姑娘的生活同时变得美好且充实。当"千禧一代"被问到在社区生活中最看重什么时，他们的答案往往是便利的公共交通。"千禧一代"希望走着就能到想去的地方，靠近商店，有绿地，有好学校，工作和生活能达到平衡。这与"婴儿潮一代"和"失落一代"的需求不谋而合。住房规划、人行道建设、公共交通和娱乐设施方面所做的改进，本就应该让每个人的生活更加美好，而事实也正是如此。保持人行道的畅通和人行横道的安全会给行动不便的老年人以及推婴儿车的父母提供便利。多样化的交通选择能让居民不开车就到杂货店，也能让学生直达校门。经济适用型住房能帮助年轻的小职员住得离单位更近，也能让退休人员住在负担得起的房屋里。可供不同年龄层居住的社区能帮助人们保持联络，避免孤独无依。毕竟一个真正的年龄友好型社区不应仅局限于老年人友好型社区。

然而，我们的期待不仅仅停留在满足经济适用的住房和运输要求上，一个宜居社区的领头人和居民在土地利用的决策方面会表达出他们的需求和兴趣。如果人们发现自己居住的社区环境优美清洁，公共空间绿色安全，富有吸引力，他们也会为社区及自己对社区所付出的努力而感到骄傲。人们会在房屋建造和楼体装修方面提出通用的要求（如宽阔的门口、无障碍通道、便利的门把手），同时在道路建设时考虑得更加全面，以求涵盖所有用户（如行人、骑车人士、公车司机和轿车司机）的需求。

一个宜居的社区会通过提供就业和医疗保健、设立购物和娱乐场所、为志愿者提供离家近的岗位而刺激经济增长，社区也会得到反哺，成为居住、工作以及游玩的理想之地。

宜居社区不仅仅是给人们一个可以生存的地方，还会提供健康的环境，促使居民成长。生活在社会关系紧密的社区中，人们的归属感与安全感会更强，也就会有更优质的身心健康和健康行为。

丹·比特纳和他的科研团队在世界长寿地区展开了生活质量与地域文化的研究，如意大利撒丁岛、日本冲绳、美国加利福尼亚州罗马琳达以及哥斯达黎加的尼古拉半岛。他发现，生活在这些所谓"蓝色地带"的人们有着四种相同的特质：以蔬果为主的健康饮食、积极的生活方式、明确的人生目标和强大的社交网络。这些正是每一个向往幸福生活的人为之努力奋斗的目标。

2009年，退休者协会与丹·比特纳、联合健康基金会合作，将这四个原则带入明尼苏达州的阿尔贝里亚社区，准备打造美国的健康之乡。阿尔贝里亚是一个有着1.8万人口的社区。这个健康之乡叫作美国退休者协会蓝色活力地带项目。项目的任务是要将蓝色地带法则扎实渗透进这个社区的各个角落，从餐馆到企业，从学校到家庭，深入人们的日常生活。所有参与者都期待整个小镇能延年益寿。

我们让专家和当地领导共同开展工作，从物质与文化两方面着手改变阿尔贝利亚。项目开始后，小镇风景如画的湖畔边，新建了一条健步走廊，用以倡导和方便居民步行，减少车辆出行；其余的基础设施也得到了改善，建造了街心花园、新的步行道，行人与骑行者都获得了便利；代际共享的"学校摆渡车"让孩子们在父母、祖父母以及志愿者的陪同下结队上学。

与此同时，长寿、营养、儿童肥胖和饮食等各方面的专家纷纷走进家庭和餐馆开展调查，与居民们分享健康饮食观念。食品专家与镇上的杂货店合作，为健康食物打上"长寿食品"的标签，如各种豆类、橙子、葡萄柚、甘薯、南瓜、杏、桃、胡萝卜和西红柿。当地的餐馆、学校餐厅、企业餐厅的菜单乃至自动售货机都把长寿食品作为主打产品。生活培训师在社区免费开办研讨会，教授并鼓励居民运用自己的才华和激情寻找可以追求的人生目标。

小镇居民能否乐于接受这些健康习惯与理念，对项目是否能取得圆满成功十分重要。这一点决定着，当项目工作人员离开后，他们能否继续保持下去。幸好小镇居民们都非常喜欢这个项目，从结队步行、健康烹饪课程到社区园艺课，他们都积极参与其中。一位名叫莫拉·诺尔的52岁肯尼亚移民说："因为这个活力项目的开展，邻里间的联系越来越多。这让我对阿尔贝利亚和美国的印象好了很多。"

2009年10月，活力项目结束之时，小镇上1.8万居民中已有3464人参与过项目活动。通过测算，有786位居民的预期寿命自参加项目后延长了2.9年，他们都说自己无论是体质还是精神层面都感到更加健康。有2/3的本地餐厅在菜单中增加了长寿食品，35家企业承诺他们会把工作场所变得更加健康。雇主纷纷表示公司旷工率急剧下降，医疗成本也有所降低。

活力项目仅仅是一个例子，它是全美国各地社区因为改变而使得不同年龄层的人们都能享受宜居生活的象征。随着社区改造活动的推行，越来越多的社区渐渐开始达到宜居水平。退休者协会有幸在全美国各地都见证了当地富有创造性的合作伙伴正带头为居民量身打造宜居的且独特的社区生活。

爱荷华州得梅因市在2013年发起的"适龄倡议"，旨在为适应人口老龄化建设社会基础设施，改善不良环境，拓宽出行选择，为50岁以上的人群提供就业机会。当地相关机构通过"还是老板"的项目推动企业创新，在社区中为志愿者提供机会，创造条件；还面向企业开展适龄服务认证项目，鼓励提升客户服务质量；另外还为老年大学提供机会与项目以加强老年人与高校之间的联系。

该倡议非常注重卫生和社区支持服务发挥的重要作用，鼓励在人们需要的服务场所附近建造住宅设施，协调50岁以上人群的护理服务，能够判别并更好地提升家庭内部医护模式，开展减少肥胖、糖尿病及其他慢性病发病率的项目，增加居民的流动性与活动量，将50岁以上人群纳入城市/区县级应急计划中。

而在弗吉尼亚州立大学（VCU）和多米尼加广场这里，一家与大学校园相邻的私人公寓为老年人和残疾人士提供了住房，在学校的帮助下创立了"里士满健康项目"，一家位于多米尼加广场的诊所也应运而生。诊所能提供护理协调、血压与血糖监测及健康教育，通过这种方式在现有基础上为居民增加医疗服务。

工作日期间，该诊所的员工基本由弗吉尼亚州立大学护理专业、医学专业、制药专业以及社工专业的学生组成，他们与当地居民一起研制个体健康计划，在遵守居民初级保健医生的医嘱下，用药物配合辅助治疗慢性疾病。在这家诊所建立之前，这里的大多数居民都会叫救护车到医院急诊室做例行检查，常常服用过期药物或使用他人的处方。诊所帮助他们避免不必要的高额服务，改善了他们的整体健康水平，同时也给学生们提供了社区实习机会。

这些例子说明，只要心怀梦想，办法永远比困难多。上述这些社区都有一个共同点，就是将公职人员、私营企业、社区领袖以及相关的个人汇集在一起，群策群力地为社区设定解决方案。使社区更为宜居的方法从来都不是吃遍天下的一招鲜，因为每一个社区都有自己的独特优势、特殊问题。只有因地制宜，才会有相应良策。

被延长的中年

重新装修我们的房子

当我们变老时，决定生活的居所似乎是件简单的事。实际上，大多数人都做到了。有90%的美国人愿意在自己家中养老，生活在熟悉的社区中，而不会投靠亲戚，更不愿去养老院或疗养院。这都无可厚非，因为家是每一个人自我的一部分，它承载着人们所有的财产与回忆，给我们地域感与归属感。无论成为一个独立个体还是社区的参与者，家都是我们的入场券。这是我们与亲友邻里相伴度过岁月的地方，能让我们感到安全、可靠与舒适。然而，随着我们一天天地老去，我们在家中、在社区里环顾四周时才会发现，环境并没有那么合适了。我们可能需要适应或建造新的家庭与社区环境，来支持自己健康的老年生活，以保持创造力。即使步入了老年，人们还是会对有目标和有意义的人生充满渴望。

然而，现实情况往往大相径庭。当人们步入老年时，曾经非常熟悉的家庭和社区反而变成了障碍。譬如，过多过高的楼梯，给老年人移动制造困难；昏暗的街灯，增加老年人夜间行路的危险。有时，来自个人的变化也会给老年人的生活带来障碍。譬如，年轻时居住在郊区或农村，步入老年后却不想或是不能再开车。这些问题如果放任其发展，那么都有可能会成为老年人通往充实独立生活之

第五章　选择你的住处

路上的障碍。因此，在打造宜居的家庭和社区时，人们必须时时审视前路，注意解决不时出现的问题，或是将问题扼杀在摇篮里。

就是在这一两代人的时间里，美国人的家庭发生了巨大的变化，普遍是越来越好了。现在的房屋都采用木制横梁结构，比过去 2×12 的托梁架构更轻、更坚固，也更便宜，能更好地防风遮雨抗震。几十年前，对那些可能无法负担房屋开销的人群来说，这也是力所能及的便宜住房。如今的房屋有了双层倾斜玻璃窗、舒适的主卧套房、内置新风系统、家庭影院和娱乐室。独栋房屋、联排房屋或是公寓式房屋，与 20 世纪五六十年代所建造的相比，差别很大，也更受欢迎。只是当业主老了的时候，它们就不再宜居了。除了极少数的特例之外，美国今日所建的房屋大部分与 100 年前建成的房屋在某些程度上有着很大的共同之处，而那个年代人的平均寿命还不到 50 岁。

不妨想象一下：当人的预期寿命只有 50 岁时，大多数人都能很容易地使用楼梯，只有极少数人可以活到需要轮椅或步行器支撑的岁数。在极少人能活到因关节炎而影响四肢活动的年纪时，现代房屋的门厅设计都不会对使用者造成什么问题，传统的圆形门把手大部分时候用起来都很好用。那时候在美国，当孩子搬出去独立生活后，父母往往也从未想过要把家里重新装修一遍以更适合步入老年的生活。美国当时也还没有建过所谓的现代豪宅。传统型房屋在美国各地都还占有一席之地。随着时代变化，新型房屋鳞次栉比，可房屋设计理念却没有本质上的变化。然而，随着越来越多的人能活到八九十岁,并且想要在家中安度晚年,传统型房子就不再适用了。

每个人都知道未雨绸缪的重要性。就算没有想得那么长远,也没为退休后的生活攒足够多的钱,但每一个人都应该有这个意识,步入老年后应该对自己的家居条件进行改造。

在美国,有多少人安装了手持淋浴头、各种方便扶手以及抽屉可推拉的橱柜?有多少人会防患于未然,而不是等到深受困扰时才开始应对?毕竟衡量一个家的价值时,舒适度是一个重要标准。良好的舒适度,可以让家对人的每一阶段都给予支持。

对于行动稍有不便的人来说,在楼梯安上防滑踏板、给楼梯间和走廊配置更亮的灯光,都会让自己的家居舒适度大大增加。除此之外,老年人还应该在浴缸中安装把手,给屋门安装条形把手而不是圆形把手,将房屋大门的门槛去掉。这样添加或改动,简单而廉价,却能让人的生活发生天翻地覆的改变。

这样的通用设计元素可以满足不同年龄段的需求。这个简单的常识,却很少有人静下来认真想想。门前层层叠叠的台阶对于童车或轮椅造成的不便,其实一目了然。将屋外走廊加宽后,就算不需要使用轮椅,也可以在放下个书架后还能剩下富裕空间以便通行。类似的设计能够让家里的空间得以扩展,也更有可能让人们安心地在家中养老。随着人口老龄化,越来越多的美国人认识到,一些基本的便捷设施也要像拉电线、接管道一样平常地进入每一个家庭当中。

第五章 选择你的住处

选择你居住的社区和邻居

生活在服务健全的社区里，住在满足自己各种需求的家中，对希望在家中养老的人来说，是一种巨大的财富。可这只解决了一部分问题。假设在你居住的社区离家不到一千米的范围内，有合你胃口的餐馆、购物便利的超市、方便就诊的诊所、可供买药的药房和家政清洁服务，可如果你没法走到那儿去，它们都称不上便利。能够保证出行畅通、可以自己随意出门办事，这一点在老年人的生活中至关重要。

我婆婆独自生活在华盛顿哥伦比亚特区。幸运的是，她的身体很健康。每天，她都会走出公寓大楼，坐公共汽车到地铁站去，然后决定这一天要去逛哪个商场。她在商场里逛逛街，吃个午饭，大概三点左右回家。上了年纪之后，她还能如此身体硬朗、头脑清晰，无论对于她自己还是我们而言，都可谓极其幸运。

而我的父亲，如今87岁了。他住在亚拉巴马州的农村，离最近的莫比亚市还有25公里。他很喜欢独自开车去采购或是走亲访友。尽管多次劝他别再独自开车外出，可我也知道独自驾车出行是他向亲人们表示他能够照顾好自己的一种证明。我知道这份独立能让他开心，让他觉得自己仍有活力，还能折腾。说实话，我还真不知道，假如到了他不能独自驾车出行的时候，他还能去哪里。我父亲住的那地方，方圆十几公里内都找不着一辆公交车。

美国是一个喜欢开车的国家。想去买盒牛奶？开车去。去学校？开车去。去教堂？开车去。看医生？开车去。几年前，通用汽车的广告宣传语就是：这不仅是你的车，更是你的自由。

这就是很多美国人对自己爱车的感觉。可事实上，逐渐变老以后，人们独自驾车外出的机会越来越少，到了某些时候甚至无法再开车。现在，平均寿命不断延长，意味着美国的"婴儿潮一代"将面对十年或更长时间无法驾车出行。这是一个非常现实的问题。在热爱驾车出行的美国，一旦不能开车或者在一定限制之下才能开车，老人们该如何去看医生、去教堂、去杂货店、去餐馆、去走亲访友呢？可悲的是，在很多情况下，人们的确对此束手无策。让人无奈的事实就是，有超过一半的非驾驶者由于缺乏合适的公共交通工具，每天都只能待在家里。有近60%的老人表示，在他们家附近没有步行10分钟能到的公交车站。许多人尤其是生活在郊区和农村的人，他们生活的地方并没有人行道。在走路的时候，这些地区的老人比年轻人更容易受到来自车辆的伤害。

无法自由出行这个问题对老年人的伤害，远远不止行动受限那么简单。无法自由出行的老人，往往只能孤零零地坐在家里。

长期地缺乏交流，很有可能导致老人变得孤独和呆滞，对他们的身体和情绪两方面的健康造成破坏性影响。因此，关于这个问题，人们要讨论的不仅仅是它给老人生活带来的不便，尽管那已经很糟糕了；还要关注更糟糕的一点，即老人被边缘化之后失去的归属感导致他们身心的退化。

美国当初在设计社区时，就没有考虑到老年的这个特殊情况。由此产生的潜在障碍不可避免地影响了在传统社区居住的老年人的生活，同时也降低了社区的宜居性。无法自由出行的老年人慢慢变得孤独，形成久坐不起的生活方式，最终不得不做出一些违背心愿的改变。

即便在出行选择多样化的美国城市里，公共交通也是围绕着方便通勤这一主题进行排班。通常，办公园区和商业区周围有很多车站，早晚高峰时段的车次很多。但是如果老人想在早上11点左右去活动中心或者想和朋友们吃个午饭，公交车能让他们望眼欲穿。

幸运的是，如我在前文中所提到的，这一问题已经得到了政府的关注。

美国各地社区如今正在推行保证街道安全的政策。这个又被称作"完整街道"的政策，将重点关注街道使用者的安全和舒适性，包括各种车辆的司机、行人以及骑行者。研究表明，精心设计了十字路口、人行道和自行车道等各种功能的路段，会大大减少车祸发生率和伤亡率。

关于这一点，纽约市居民艾米·罗杰斯的感触最深。几年前，刚搬到纽约市曼哈顿上西区的艾米·罗杰斯并不知道，自己每天都要面对百老汇街和阿姆斯特丹西71号街交汇处，那个让人怨声载道的"死亡之结"路口。66岁的艾米走路时要依靠拐杖，对她而言，从马路这侧走到另一侧是个巨大的挑战。

后来，纽约市老年人安全街道项目解决了困扰艾米的这一难题。城市交通部在此地重新设置了安全岛，延长了通行时间，并增加了倒计时信号灯。美国交通运输部发言人塞尔·索罗莫诺说："我们正以适合老年人过马路的角度重新设计这个十字路口。这一次全面的安全改造能把该路口的人行道和安全岛拓宽，给行人建造升级版本的人行道，把过马路的距离缩短。"改造工程结束后，艾米说她现在觉得这个路口更安全了。以前她会尽量避免从这里走，现在则更愿意从这里通过了。

街道安全项目不仅对纽约这样繁忙的城市来说十分必要，对美国其他城市也很必要。想一想你所居住的地方，是否经常会有人在十字路口处受伤？若是如此，你可以用纽约的案例为范本，呼吁相关负责人为街道安全做出一些相应措施。

在考虑一个社区的宜居程度能否让老年人也满意时，公共交通的便利和街道的安全问题就应该考虑在内，这一问题绝不应该在老年人无法独自驾车时才开始考虑。

第五章　选择你的住处

在家养老的各种可能性

马萨诸塞州的斯瓦姆斯科特，是一个位于波士顿海滨的郊区城镇。像美国众多社区一样，它也正在探索更有效的资源利用方法。这里的负责人经过调查发现，镇上老年人与青少年的需求正好合拍。例如，老年中心有个很受欢迎的舞蹈课，而学校里恰恰有个经常闲置的舞蹈教室；老年中心为了解决老年人冬日户外活动问题常开着大巴将他们带到购物中心闲逛，而学校里有室内活动场地及可以散步的跑道。镇上高中是当地社区最大的投资项目之一，所以负责人就开始考虑，能不能让学校设施服务每个人，惠及这个城镇中的儿童、青年乃至老年人。后来，他们的确想出了个高明的主意，巧妙地将镇上老年中心和高中结合起来。

事实证明，高中学生和老年人都很乐于互助。手工编织小组的老人们指导学生们学习做织物；需要实习学分的学生们就到老年中心去帮忙分发午餐；退伍老兵们还会给正在学战争史的孩子们讲述当年的故事。当地一位叫爱丽丝·坎贝尔的市民说，这一切让她感到自己是这个社区中的一分子，而不再是被老年中心将她与社区其他人群隔离开甚至因此遭受偏见的老年人。"我们喜欢看着这群年轻人，"她说，"有他们在附近，我们也沉浸在快乐之中。"

缅因州的达马里斯科塔小镇上有2218名居民。镇上的家庭医生阿兰·蒂尔曾经听许多病人跟他说："永远别想把我送到养老院去。"同时，他发现，那些需要专业护理的人面对的选择也不多。经过一番思考后，蒂尔医生想出了一个独到的解决方法，他创立了一个营利性的远程医疗支持业务"美国之圆满"，并取得了巨大成功。

蒂尔的业务通过数字监控网络开展，能够在志愿者的帮助下对患者进行实时监控；同时按此给护理人员付费，让他们给这些老年患者提供帮助，比如购物、开车带他们去看医生以及完成其他事情。通过这两种方式的相互结合，蒂尔医生将患者对于护理人员的需求时间大大缩短了。护理人员被需求时间从24小时缩减到2个小时，另外的22小时则完全可以放心交给网络摄像头和志愿者们来监护。

选择这项业务的患者会得到一个套盒，里边包括网络摄像头、血压计及听诊器。有偿护工、家人和志愿者则分担其余的医疗保健和生活所需。尽管"美国之圆满"项目收费并不便宜，即使有固定收入的人想要参与也得考虑再三，可长远来看，它的费用仍只是养老院或疗养院开销的一个零头。更何况，很多老年患者对养老院极其排斥。对于生活难以自理但又不需要全天候监护的老年患者而言，"美国之圆满"项目是一个不错的选择。

Res-Care公司和瓦巴什中心的合资企业Rest Assured让人印象深刻。该公司利用阵列传感器和通信设备，通过触摸屏按需呼叫专业护理人员。这套系统包括电子传感器、扬声器、麦克风以及公共区域摄像机、烟雾探测器、温度探测器和个人紧急应答系统。这些设备将个人家庭与能够提供远程电子支持的护理员工连接起来。必要时，可以紧急呼叫护理人员火速支援，也能帮助患者联络应急服务。经过授权的专业人士还可以通过 *Skype* 或其他视频通话服务与 *Rest Assured* 的客户视频聊天。

以上这两个例子，算是新兴企业与组织机构如何利用技术帮助老人独自在家中生活的一个小小展示。对于那些想要在家中养老、保持活力、参与社会、和亲友保持良好关系的老年人来说，技术革新正引领着一个让人欢欣鼓舞的新时代姗姗而来。

如今，依靠网络触角的联动，人们得以在互联网上交流信息。在美国，物联网还为人们展现了日益扩张的物质生态系统如何悄然改变人们与家庭、社区之间的关系。人们每天都要使用的各种生活必需品，如家具甚至衣服，在未来的某一天可能都会带上传感器和电脑芯片，以保证可以将信息传递到电脑或智能手机上。还比如安全手表，看起来和苹果手表一样外形美观的可穿戴电子设备，可以监测人们的健康和行动轨迹，还能提醒人们按时服药。在那个不可思议的未来中，你的冰箱会和你的手机、电脑或者你的车联系，告诉你需要去买盒牛奶；家庭恒温控制器知道你何时起床、睡觉或下班回家，然后自动根据你的作息和喜好控制室内温度；藏在地毯中的传感器会探测到你步伐的变化，通知你的医生你可能有跌倒的风险；而通过智能手机或电脑，你也可以随时随地控制家里设备的许多功能。斯坦福大学长寿中心主任劳拉·卡斯滕森表示，如今正处于领域技术革命的早期阶段，在未来的 3~5 年时间里，这些创新将改变人们安度晚年的方式。

除了物联网改变着人与家的关系外，共享经济也为人们提供着广泛的一键式服务，让人们以更加实惠的价格，轻轻松松地在家生活。共享经济的典型公司有很多，任务兔、"你好，阿尔弗雷德"之类可以让人们在线找帮手做家务，比如换个灯泡，倒个垃圾或者爬个梯子上阁楼放东西；优步、来福车、已和汽车租赁公司则让人们的出行变得更加简单、便利。尽管优步还没有完全意识到自己的服务类型能与 50 岁以上人群的需求如此契合，但他们的确早早嗅到了一线商机，推出了优步帮帮忙服务，让训练有素的驾驶员接送老年人和残疾乘客。这些顾客群常常携带的助步器、轮椅和残疾摩托等都能装进车里。

28 岁的贾恩·康纳利在旧金山湾区创办了"搭车英雄"，提供类似优步和来福车的服务。而它的特色是不需要在智能手机上安装应用程序，可以直接电话预约。这样一来，没有智能手机又需要出行服务的人群，变成了它的忠实客户。

技术的发展还推动了虚拟村庄的构建。虚拟村庄，指的是那些退休人员自然集结而成的社群。从家庭维修到遛狗，从修建花园到抓药送药，这种会员制的虚拟社群网络提供着多种多样的服务。

某种程度上，虚拟村庄融合了共享经济的方方面面，在此基础上还添加了志愿者模块和社交平台。会员们可以在虚拟村庄平台上敲定聚会的时间地点，看看选择餐厅、音乐厅，还是到另一个会员的家里。虚拟村庄的社会属性不仅增强了会员们的幸福感，也给他们增添了在家养老的信心。比如"村村通网"就是一个帮助建立、管理虚拟村庄的网站，他们现在已经在美国40个州建立起了140个村落，还有120个在建。虚拟村庄还将继续在全国各地发展、壮大。

在技术的不断驱动下，越来越多的优质服务能帮助美国人在家养老。

物联网推动着技术的创新，分享经济与按需服务相辅相成，人口老龄化也在以前所未有的方式催促人们阻断衰老，催生在家养老的新方式，促使社区变得更加宜居。对于许多老年人来说，这些新兴的解决方案为他们的出行提供了多种可能。但这些新的解决办法，更像是一条分界线，让人们在此告别衰老、退化、孤立和独处，迎来一个充满成长、发展的未来，继续投身社会、贡献余热。

被延长的中年

种类多样的新型养老社区

尽管通过政策改革和技术革新,我们找到了解决方法将普通社区变为宜居社区,使老年人得以在自己熟悉的家中安享晚年,但我们也必须考虑另一个问题,如果熟悉的家的确不再适合养老生活,那么老年人又该如何选择?以前,无法独自居家养老的老年人,只能与其他家人同住或进养老院生活。时至今日,越来越多富有创意的养老方式摆在老年人面前供他们选择。

发挥余热的共享互助养老社区

在佐治亚州亚特兰大的疾病控制和预防中心做了34年编辑后,贝蒂·西格尔退休了。贝蒂打算在亚特兰大的家中享受余生。但随着慢性支气管炎的恶化,城市的空气污染让她无法长时间待在户外。贝蒂的一大爱好就是园艺。退休之后有了许多空闲时间,她却无法尽情地享受修剪花园的乐趣。这件事成为困扰贝蒂的难题。深思熟虑后,贝蒂打算从亚特兰大搬到某个空气好的小镇去居住。可一想到要搬去小镇居住,贝蒂心里又有些发怵。"我觉得在那里会非常难交到朋友。"她说,"因为我就是在一个小镇上长大的。镇上的居民总喜欢拉帮结派,排斥外乡人。"因为这个顾虑,贝蒂的乔迁计划搁置了。直到2002年,她在普拉达杂志上读到了一篇关于希望芳草地社区的文章，才又重新开始考虑自己的乔迁计划。

希望芳草地社区是在伊利诺依州兰图尔的一个代际居住社区。兰图尔是一个空气清新的小镇，距离文化气息浓厚的厄巴纳—香槟地区不到50公里。看了文章中对希望芳草地社区的介绍，贝蒂觉得那就是自己梦寐以求的地方。

希望芳草地社区的建设灵感来自伊利诺依州香槟大学前教授布伦达·克劳斯·伊心。20世纪90年代初，伊心教授是学校儿童看护发展项目的主管，她的研究重点是伊利诺依州的儿童寄养体系。随着研究的深入，伊心教授越来越觉得有必要改变现状。伊心教授的家就在兰图尔。当得知兰图尔附近的沙努特空军基地被闲置后，她产生了一个大胆的想法：为什么不尝试将闲置空军基地的一部分变成一个街区呢？在这个街区里，可以容纳15个寄养家庭共同生活。一来，15个家庭间可以互相帮助；二来，社会保障部门的工作人员也可以对他们进行集中帮助。

伊心教授成功地说服州政府斥资100万美元将自己的计划付诸行动。在谈判中，她甚至还为一个刚刚建立起来的非营利性管理机构争取到了更优惠的政策：将发给寄养家庭的补助津贴从原有按人头和天数计算改为以家庭为单位固定发放。再后来，天上还掉了个大馅饼。国防部居然同意伊心教授把面积大约有83个街区那么大的基地全买下来，而不仅仅只是她最初申请建造15个房子的面积。知道这个好消息之后，伊心教授索性决定将项目扩大，以提供低于市场价住房为条件，寻找愿意在希望芳草地社区做志愿者的中老年人。

了解希望芳草地社区的情况后，贝蒂在自己 71 岁时搬到那儿居住。迄今为止，她已经在希望芳草地社区居住了 12 年，且从来没有后悔过自己当初的选择。多年来，贝蒂担任着社区里的课后辅导老师、园丁。最近这七年，她又开始担任交通协管员。完成这些社区志愿者工作后，贝蒂仍然有很多时间从钟爱的园艺中享受快乐。

无论是发起者伊心教授还是参与者贝蒂，都认为希望芳草地社区的成功之处就在于其睦邻友好的机制。这种机制让两个弱势群体团结起来，相互照顾。老年人通过相互之间的照顾找到晚年生活的目标和意义，保持了社会参与度。寄养家庭则从社区这个大家族当中得到了更多支持。伊心教授无数次表示，如果当初没有把刚刚退休的人纳入到项目中来，这个项目可能没两年就垮掉了。参与项目的退休人员，虽来自各行各业，但都有着共同的目标和愿望，就是帮助生活在寄养家庭的孩子。伊心教授说："我就是想将那些渴望回馈社会、拥有良好邻里关系的老年人聚集起来，把他们的注意力放到另一个弱势群体上。"

希望芳草地社区催生了至少六个类似的共享互助社区。譬如，老年人和负伤退伍军人、成年人和残障人士等等。

尽管共享互助型社区养老已经成为受到老年人欢迎的新养老模式，但这种模式仍有许多可挖掘的潜力和需解决的问题。这种模式的创始人伊心教授曾说过："我相信，想要充分利用老年人的时间和才干来解决这些社会问题，还有很长的路要走。"

与传统养老院不同的绿屋疗养社区

在我看来，在传统式养老院研究领域里，没有任何人能赶超比尔·托马斯医生。而20世纪80年代中期，托马斯医生在哈佛医学院求学时最不感兴趣的就是老年病学。那时以手术为主的外科光鲜夺目，以研发为主的药学博大精深，而急诊医学科则将二者完美融合。在家庭医学科完成了住院医生实习期后，托马斯医生便在纽约州一个农村小医院做了一名急诊医生。那时，他觉得自己的人生已经完美了。

在医院工作几年之后，当地一家养老院院长打电话给托马斯医生，问他是否考虑来养老院工作。托马斯医生立马婉言谢绝。他完全无法想象自己离开工作节奏紧张的急诊科前往养老院工作的前景。他觉得自己在节奏缓慢的养老院里只能终日无所事事。然而，养老院院长并没有放弃，第二天又给他打了电话。这时，值完24小时班的托马斯医生刚刚回到家，累得筋疲力尽。接到养老院院长电话时，他忽然有些心动。于是，他打算先了解一些关于养老院的基本情况。

快速浏览了养老院的相关信息后，托马斯医生突然觉得能够睡个安稳觉的生活似乎也不错。之后，托马斯医生就从急诊科医生变成了养老院的保健大夫。工作一段时间后，他便深深爱上了这里。

托马斯医生喜欢养老院里的居民、他们的家人以及照顾他们所有人的工作人员，他们都是需要帮助的好人。尽管养老院里的设施干净整洁，可托马斯医生总觉得还缺了点什么重要的东西。带着这个疑惑，托马斯医生常常利用晚上和休息日去走访、观察养老院里的老人，陪他们聊天，听他们倾诉。他在当时的日记中写道："这里的临床护理不错，可以说是非常好。可大部分养老院里的老人却是在孤独无助和无聊中忍受痛苦，慢慢老去。"

认识到这一点后，托马斯医生决定做些什么。于是，他和妻子朱迪思·迈耶斯·托马斯一起创立了一种以最简单的方式从根本上解决长期护理的方法。这种方法的主题是：在花园中的生活更美。

在托马斯夫妇的努力下，养老院在不久之后经常会有前来玩耍的孩子、唱歌的鸟儿（如100多只长尾小鹦鹉）、可爱的猫咪和忠诚的狗狗。养老院不再像医院般死气沉沉了，反而像是一个充满活力的花园。1992年，这个新的模式被称为"伊甸园模式"。这一模式很快在美国各州乃至世界各地传播开来。1999年，托马斯夫妇带着自己从四个月大到九岁不等的五个孩子开始了一场名叫"伊甸园在美国"的巡游。这次巡游的目标就是，让美国所有的养老院改头换面。

就是在这次巡游中，托马斯医生才了解到，他所拜访的许多疗养院尽管有翻新的计划，但都只限于硬件设施，而从未考虑过更新理念。这样的翻新意义并不大。传统养老院基本就是一个改良版医院，并不会考虑居住环境是否舒适便利。针对这一根源，托马斯医生提出了一个全新的模式，如今被称为"绿屋疗养模式"。这种长期疗养的新模式从根本上转变了对老年人的照顾方式，尤其一些有明显需求的老人。在绿屋疗养模式养老院里的人，现在都能生活在一个无论是看起来还是感觉上及管理上都非常像家的地方。

绿屋疗养模式的核心，就是让其居民觉得自己是居住在家里而不是医院。例如，密歇根州长老会村的绿屋社区，每间房都带有节能设计，还有包括厨房、餐厅、带壁炉的社区起居室，甚至还有十间带私人浴池的房间。绿屋社区派出训练有素的护理人员为居民提供护理服务，还会根据需要，安排医生、理疗师和其他专家参与进来。所有的措施都给社区居民带来更好的生活，也让他们的家人放下心来。

绿屋疗养模式有效平衡了专人陪护下的集体生活与私人的家庭生活两种需求。社区居民可以自由安排自己的时间，不需要遵循传统养老院习惯采用的标准化作息时间。

居民获得对时间的自主安排，对他们有着显著的积极影响。一项研究结果表明，生活在绿屋社区的居民比以前生活在传统养老院时更加开心，保持健康的年限也比传统养老院更长。而社区工作人员的领导能力和创新能力也得到增强，觉得自己的工作更有价值，工作中的成就感增加，使人才流失率显著下降。现在，绿屋疗养社区正在美国各地设立。除了美国27个州里现有的173家绿屋疗养社区外，美国各地还有许多绿屋疗养社区逐年在开发。

代际融合型养老社区

在美国,大多数绿屋疗养社区养老院都是为了迎合大部分老年人的需求,但并不是所有人都愿意只跟同龄人生活在一起。90多岁的梅加·帕利就是个例子。她认为,若是每天就跟同龄人混在一起,只能听到他们"抱怨着他们的抱怨"。相反,她更喜欢在内华达市与两个护工共同居住在一套四居室里。两位护工可以通过提供代驾、购物等服务来减免房租。

帕利这样的案例并非少数。而更为规范的共同住宅社区在美国也不少见,那是一种在20世纪60年代创造出来的丹麦养老模式,而越来越多的"婴儿潮一代"正在被这种社区生活模式所吸引。纽约州北部的伊萨卡生态村正是一个这样的社区。社区里的居民年龄跨度颇大,从婴儿到退休人员都有。还有加利福尼亚州门多西诺县的芝士蛋糕社区,就是由11个50~60岁的人所创建。最近,芝士蛋糕社区刚刚举办了社区成立22周年庆典。

以前的人们,关于养老地的选择并不多。无法在自己家中独立生活的人,往往只有两个选择,要么和成年子女或其他亲戚居住,要么住养老院。而到了我们这一代,养老已有了更多选择。我甚至不敢想象,等我的孩子变老时,他们对养老地的选择又会发生怎样翻天覆地的变化。

创造宜居社区和适龄住房的技术革新，为人们带来了新的生活方式和更多的选择，让我们在老年也能过着有目标、有意义的生活。为各个年龄层设计的新型智能家居让老年人能在家中安享晚年。新的生活管理方式，如公共社区和虚拟村庄都可以让人们避免孤独。新兴的宜居社区接纳各个年龄层的人，促进了代际融合。摆在人们面前的事实非常清晰简单。既然人都会变老，变老之后又必须住在某个地方，那么为什么不接受技术革新给人们带来的新居所呢？为什么不到更舒适的地方去安度晚年？为什么不找个更加安全的地方继续参与到社会生活中？

让生活，特别是晚年生活，变得更美好的选择，一直就在我们自己手中。

行动起来

选择你的住处

"邮政编码"塑造着你的命运。

从如何选择你的朋友到如何满足日常生活所需,你要问的问题从去哪家理发店到看哪家医院不胜枚举,考虑清楚就能让你的生活事半功倍,岁岁如意。

◎ 你现在所住的地方是否合适?

◎ 这是你理想中养老的地方吗?

◎ 有没有什么方法能让你现在的家更适合老年人居住?

◎ 有没有未来想要迁往的地方?

第五章 选择你的住处

选择你的邻居

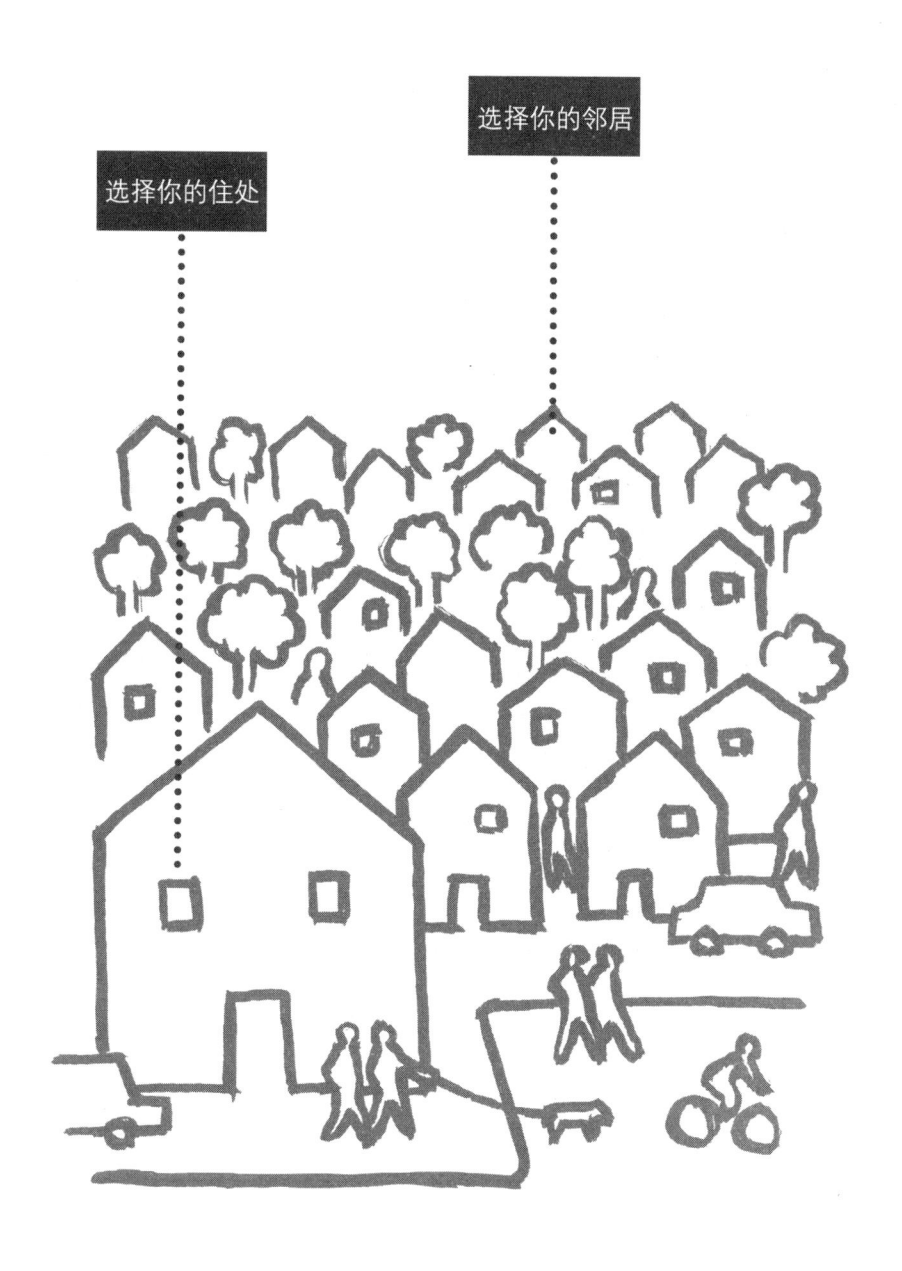

选择你的住处

被延长的中年

选择你的住处

◎ 现在的住处你最喜欢哪一点？最讨厌哪一点？

◎ 这些优缺点对你的未来生活影响大吗？还有哪些新问题会困扰你？

◎ 你认为自己还会在这里居住多久？

◎ 假如你今天腿受伤了，那么现在的屋子能满足你的需求吗？

◎ 对房屋进行怎样的改造更适于老年生活？

◎ 如果你打算搬家，会重点参考哪些方面？

◎ 你是否考虑过以下情况，能否接受？

· 与人合住，和朋友、邻居共享生活设施，参与活动。

· 通过虚拟社区联络友人。

· 向其他人分享你的住宅。

· 在网上出租房间。

选择你的邻居

◎ 你在邻里之间是否受欢迎？你是否感到开心？

◎ 你和邻里之间的关系如何？附近有无挚友？

◎ 有无接触邻居的机会？你是否会与他们互动？

◎ 你看见不同岁数的人在社区活动吗？是否与他们互动？

◎ 社区中的设施是否便利？

◎ 交通不便时怎么应对？出门用什么交通工具？

◎ 现在所住的地方能负担得起吗？如果想要搬家，经济上允许吗？

◎ 若要搬家，你对下一个社区有何希冀？譬如：生活成本，离亲友的距离，周边各种服务设施的配套情况，公共交通的情况，气候的怡人程度。

chapter6
第六章

怎样为未来存足够多的钱？

只要不买东西，我就有足够的钱度过余生。

——杰克·梅森

. . .

这是一个必须面对的事实：活着的费用太贵了。因为我们比祖父母一辈人的寿命普遍要长二三十年，所以我们就需要更多的钱来养老。一点不夸张地说，我们现在最担心的可能就是，人还活着，钱却没有了。

不幸的是，对许多人来说，这种恐惧是实实在在的。一个令人震惊的事实是，美国有将近一半即将退休的家庭没有退休储蓄，而社会保障部门也只能为 50% 的 65 岁以上的家庭提供退休金。在有退休储蓄的家庭中，平均储蓄只有 10.9 万美元。假如按照现在的利息来算，这个数额相当于每个月只有 405 美元的收入。这个换算是不是让你迅速有了直观的概念？

在美国，很多人并没有为自己的晚年生活做好财务准备。一项针对 25 岁以上人群的调查显示，不到 1/4 的人表示自己有信心能为退休生活做好财务准备；只有 14% 的人拥有多于 25 万美元的积蓄或投资；很多人明知自己没有退休生活储备金，也承认自己很难做到通过节衣缩食为退休后的生活做好财务准备，但有超过 1/4 的人表示自己并不知道需要为退休生活准备多少生活储备金。这个调查结果实在太可怕了。

只不过稍微思考一下，我们也不难发现造成这种局面的原因。当今社会，每个普通人在生活中都疲于奔命，大部分时间都用来思考近在眼前的各种琐事，根本无暇顾及三四十年甚至五十年后的问题。大多数人从来没有花时间认真考虑，到了老年自己靠什么养活自己。有些人觉得现在还没到思考这个问题的时候，有些人则早已发现这个艰巨的课题，还有些人根本不知道该从哪里开始估算自己的需求。无法估算未来需求的人，往往是因为他们从未想象过自己退休之后该做些什么。因此，他们不会考虑是否积攒些可供退休后年度旅行的基金，也不会考虑是否要准备年迈父母的照顾资金。

然而，无情的事实告诉每一个人，至少从此时此刻开始，我们必须要为晚年生活做好财务准备。

面对变老,其实我们都未攒下足够多的钱

为什么美国人为退休生活做财务准备如此困难呢?我们先来看一个典型的美国家庭是如何生活的。

约翰和安妮都年过五十,他们在伊利诺依州的伊万斯顿生活,膝下两子,都在上大学。约翰所在的公司是向小型企业销售和安装电脑系统的。安妮正打算重返职场。但由于要照顾还在上大学的孩子们,她就通过职业介绍所找了一份兼职,打算过段时间再换一份全职的工作。约翰一家每年的总收入勉强超过7万美元,总退休储蓄金只有8万美元。

约翰和安妮都担心着退休后的财务难题。过去十年里,约翰的工资没涨多少,可是生活费用却大幅增加。他必须得加班加点才能收支平衡。因此,约翰现在非常期待自己能够继续工作下去,哪怕要一直工作到70岁。

家里有两个正在上大学的孩子,也让约翰和安妮着实为学费头疼。他们甚至开始研究房价的升值空间,以保证在万不得已时卖掉房子凑学费。可是,一个孩子一年学费目前就大概要21000美元,且每年都在大幅增加,这让夫妻俩感觉压力越来越大。

他们在医疗保健方面的花费也逐年增多，如医疗保险的保费就在每年增加，涨幅往往超过他们薪水的涨幅。

遭遇经济大萧条后，他们的房子贬值不少，直到近两年才有所回升。经过估算后，他们无奈地发现，即便将房子卖掉，刨除各项开销，也只会剩下很少一部分钱用来作为他们退休后的生活费。这笔费用除了日常开销之外还包括了不可预见的需求，比如长期护理。

随着住房、教育、医疗保健等方面成本的提高，约翰夫妇在饮食、交通、休闲活动和退休储蓄等方面的投入就会减少。如今他们才意识到，他们必须得依靠社会保障和医疗保险才能为退休生活提供财务准备。

尽管如此，约翰和安妮认为自己还是比较幸运的。他们许多朋友在经济危机后都丢了工作。大部分人还要花上一年或者更多的时间才能找到新工作，甚至不得不接受比以往更低的薪水。有些人甚至没了家，还有一些人不得不申请破产。

约翰夫妇的情况并非个例。美国最新人口普查数据显示，随着中等收入人群收入的缩水，这种典型的美国家庭在过去十年中变得更加贫穷。现在有15%的美国人生活在贫困之中——这是自1993年以来的最高比例。兰德公司的一项研究发现，医疗支出的增加抵消了过去十年中典型美国家庭的收入增长。而《华尔街日报》报道说，有越来越多的美国人到了六十多岁还债务缠身，无法退休。

那么像约翰和安妮这样的中产阶级家庭该如何应对财务困境呢？他们通常有三种处理办法。首先，他们会工作更久并延迟退休，许多已经退休的人又重返职场，假如还能找到工作的话。其次，他们都会大大降低生活水平，并更多地依靠政府资助计划来达到收支平衡。最后，他们不得不承担更多债务，比如靠房产抵押贷款、401（k）福利账户计划、利用信用卡拆东墙补西墙或是向亲戚借钱。第三种办法直接导致在过去十年里，美国中产阶级家庭的平均债务增加了292%。

因此，为退休而储蓄不在美国人的优先考虑之内，并不足以为奇。除此之外，还有其他原因让人们无法为退休做好财务准备。

在当今社会，对于许多人来说，退休已经丧失了其原来的意义和相关性。如果尚未到50岁就失业，那么传统意义上的退休对你没有意义。近年来，许多人都经历了就业市场、股票市场、房产市场的大起大落，以及这些起伏对接近退休或已经退休的人群的影响。另外，美国50%的"千禧一代"都认为，当自己到达规定的退休年龄时将不会获得任何社会保障，从而让他们为自己能安享晚年而承担过重的财务压力。因此，为退休而储蓄通常被视为多此一举。然而，我们不妨换一个角度来思考这个问题：假设我们是为了整个人生而储蓄呢？

了解自己的财务状况，规划未来生活

将退休储蓄看作是为当下生活储蓄，会为人们提供一种为未来融资的思维方式，这更加符合我们今天推崇的养老方式。正如第四章中我希望大家将注意力从预防治疗疾病拓宽到增强整个人的幸福感上一样，我们需要一种为未来融资的新思维，把为退休储蓄的观念拓展到提高我们在整个生活中的财政弹性，特别是在传统退休年龄的阶段。

打开这个思路之后，我们就会开始对自己的财务状况有了大局观。我们可以将自己对财务的关注点从单一的储蓄变为跟踪我们资金的流向，准备应急资金，应对财务压力，保护资产以及增加对财务管理的学习。最后这两点对于年过 50 的人而言尤为重要。在美国，大约只有 30% 年过五旬的人认为自己具备财务知识，对于资本、金融市场以及投资选择的复杂性有一定了解。然而，年过五旬的人往往比年轻人拥有更多的资产，也更有可能成为骗子下手的对象。

我们保持健康的目标不仅仅是不得病，更是保持身心的整体健康。具有财务弹性的标准也不仅限于在经济上没有困难，而是帮你实现生活目标，达成心愿。换句话说，财务弹性不仅仅意味着有自给自足的晚年，更是能让你蓬勃发展，过上理想的生活。

第六章　怎样为未来存足够多的钱？

设想我们老年生活会遇到的困难

当开始考虑规划自己的退休生活时，大多数人就可以开始和老伴以及财务顾问坐在一起算道数学题了：我们可以从社保中得多少钱？如果单位提供养老金，我们能从养老金中拿多少钱（如果有养老金的话）？我个人储蓄和投资能有多少钱？我还有其他经济来源吗？能够满足我们基本生活所需的费用又是多少呢？如果基本生活所需预算超过我的收入，我该怎么负担多出来的这部分呢？

做完这些非常必要的数学题后，人们通常发现自己的眼界被拓展开了。只是这种方法存在两个巨大的问题：大多数人并没有认真思考过退休之后的花费；退休后的财务准备，早该在几十年前就做了，现在才做实在有些晚。

哈特福德国际基金会高级副总裁约翰·迪尔与客户谈论未来的投资时，首先要求他们考虑三个简单到让人惊讶的问题：

1. 谁来帮我换灯泡？
2. 我怎样买到一个蛋卷冰淇淋？
3. 我将和谁一起吃午餐？

这些与麻省理工学院年龄实验室一起开发的问题听起来有点可笑，但是它们是专门开发出来帮助人们思考老年生活方式的。

谁来帮你换灯泡呢？这就涉及你在哪里居住的问题。我们大多数人想要留在家中养老，但为了在家养老，我们必须要考虑如何处理生活中的日常事务。你自己都能做到吗？还是可以依靠邻居或家人的帮助？需要雇个人来帮忙吗？如果需要，要花多少钱？

"你如何买到一个蛋卷冰淇淋？"可以引发更深层次的探讨。譬如，你如何保证自己能够继续享受过往生活中的简单快乐呢？你还能继续开车吗？如果能，还能开多久？你是否能就近坐公交车？如果不能，那你是让朋友带你去吗？如果不是，你是考虑坐出租车还是考虑其他公共交通？所有这些都有成本因素在里面。

最后的问题，你将和谁一起吃午餐？这个问题关乎你变老之后要保持怎样的交际圈。为此，你需要做些什么？这不同于脸书那种社交网络的虚拟交流，而是一个面对面的关系。比如，在咖啡馆聚会的小伙伴，一起看电影、听音乐剧的人们，还有你在教会或者读书俱乐部的朋友们。如果人们能和自己的朋友经常见面，就会比较容易保持健康活跃的生活节奏。

许多人在设想将来的自己以及未来老年生活的模样时都会遇到困难。每一个人对生活都有自己的追求和期望，但实际上又过着完全不同的生活。这是因为大部分人困在生活的柴米油盐中，完全无暇去为未来的生活做准备。人们常常对自己说，明天再考虑吧。当意识到需要面对问题的那一天已经来临时，人们却发现自己毫无准备。

第六章　怎样为未来存足够多的钱？

2013年，美国银行提出了一种按照客户想法将退休生活可视化的独特手段，鼓励客户在当下积极储蓄。这是一种能够模拟每个人老年形象的应用程序，以此激励他们为退休打好财务基础。

银行会在模拟出的相片旁边，列出预期中到了一定年纪时增长的生活成本数据，包括牛奶、汽油、水电煤气费以及其他消费品。

该应用程序是基于在斯坦福大学进行的一系列研究而开发的。这一系列的研究发现，人们在看到自己老去的照片后，更有可能考虑为退休生活分配更多资金。在其中一项研究中，将50名受试者分成两组，一组观看自己老年时期的照片，另一组则是看自己现在的照片。看完之后，50名受试者被要求将1000美元分配到4项开支中：支票账户、退休生活储备基金、为他人购买昂贵礼物和充满乐趣与奢侈的消费。看到老年时期照片的受试者表示，他们将在退休生活储备基金账户中打入更多的钱，而观看自己现在照片的人则不会有这种想法。

美国第二大401（k）福利账户计划提供商普特南投资已经尝试使用同辈人的压力让人们积极储蓄。他们率先开发了一个在线工具，为客户提供一个快速生成图，描绘对比年龄、性别和收入相类似的客户间的储蓄情况。用户多次点击后，这个在线工具就会预测出增加养老金储备时，客户的资产将会如何改变。

普特南将这个在线工具称之为琼斯工具，意为"赶上（同辈人）琼斯"。在一万名用户的样本中，近1/3的用户使用了这种社交比较工具，调整了薪金延期使用水平，使得退休储蓄金平均增长了28%。

无论人们作何打算，规划生活的有效方法就是将自己今后想要的生活可视化。它不只包括金钱，更包括了年老时所选择的整体生活方式。当然，拥有的资金和资源越多，就意味着有更多的选择。

我们的父辈退休的时候，他们有社会保障的收入，有尽管不多但是很稳定的退休金，还有一部分经年积累下来的个人储蓄。这就是经典的退休收入三驾马车，以社会保障金、个人存款和雇主提供的退休金为代表。之所以叫三驾马车，是因为有了这三种收入来源，退休者就足以平衡退休生活的财务支出，不会入不敷出。拥有这三种收入来源的人发现自己退休后的确还会有足够的收入，来维持体面的生活，能做许多他们想做的事情。

然而，多年之后的今天，情况发生了变化。退休收入三驾马车不再能代表当下快到退休年龄的美国人的退休收入了。正如我们讨论过的，我们这一辈的许多人并没想过退休后能指望这三种方式的经济来源过活。事实上，甚至连退休这个词在我们这一代人的心中都没有产生共鸣。它在我们眼中更像是一种转变，让我们有时间和自由去做想做的事，去往想去的地方，把握想做的时机。我们希望保持活力，重新进入社会，根据所能投入到全职或兼职的工作当中。

有很多人执着于传统退休的观念，也有很多人认为那是种守旧观念，相比之下更为被动。在传统模式当中，退休被视为是人们资产缩水的阶段，而非积累。这就是老年人常常被视为社会损耗的原因。在年轻人眼中，老年人从社保中提取资金而非支付。实际上，这两种行为导致越来越多的人在退休之后依然坚持工作。

退休收入三驾马车不再管用的另一个原因是，无论怎样，其中的两匹马——养老金和储蓄——已经合二为一了。传统意义上的定额养老金福利计划是上一代人退休收入的标志，如今正在成为时代的遗物。养老金是雇主为了保障雇员退休生活而设置的员工福利。这部分金额通常是根据雇员的工作年限与工资等级而定的。如今越来越少的雇主会提供这种福利了。从1980至2008年，参与养老金计划的员工比例从38%下降至20%，到了2011年这一比例降至14%，且数量仍在持续减少。

相反，很多雇主已转向养老金定额缴存计划，如401（k）计划。这是雇主建立的一个退休账户，能将你的一部分工资存入股票市场。一些雇主会按照百分比或一定限制条件投入雇员的资金，并提供一些投资选择，而在绝大多数情况下，你打入多少资金和如何妥善管理这笔资金，这取决于你本人。这就叫作养老金定额缴存计划，因为你所投入的金额是确定的，而你到了退休之时所能取回的金额则不固定。所以，这种养老金定额缴存相当于另一种形式的个人储蓄。

从另一个角度来看，这种从养老福利计划到定额缴存计划的变化在于，它从根本上将责任和风险从雇主转移到了雇员自己手中。与雇主不同的是，我们大多数人无力聘请职业基金经理人来管理退休账户，所以我们必须依靠金融服务行业和自己的知识。我们不仅要学会谨慎投资，更要注意骗子在个人投资者身上做文章。每个人都单独承担着退休账户的储蓄和管理风险。随着预期寿命和健康生活的延长，我们也希望能够保持活力，在传统退休的年龄还能投身社会，以某种身份继续工作，我们需要为理想中的未来创造新的模式与解决方案，让金钱永不缺席。

获取弹性财务的新模式

曾经的退休收入三驾马车,如今已不能再为人们提供退休生活所需的支持。因此,必须有一个新的退休收入模式,以符合人们当下的生活和步入老年的方式。

在生活中建立有弹性的财务基础需要一个基于四大支柱的新模式:社会保障、养老金和储蓄的结合、健康保险以及工作收入。

社会保障

和在过去模式中占主导地位一样,社会保障仍是新模式当中的重要支柱。社会保障能够确保家庭免受因退休、残障或死亡所造成的收入损失。它是人们晚年在财务上有灵活空间的基础。2013年,它使1/3的美国老年人摆脱了贫困;它也是50%的65岁以上美国人主要的收入来源。到了2014年,它更为约5900万人提供了福利。

在社会保障退休福利中,你的获利取决于个人收入历史以及何时开始收取利益。按足年退休计算,社会保障福利平均每年约为15720美元(每月1310美元),而每年最高收益为41880美元(每月3490美元)。若你在足年退休后领取,你的福利是逐渐增加的;

但如果是在此之前（主要是 62 岁之前），则福利会有所减少。

社会保障不仅仅是一种退休福利，更是一种遗属抚恤金和长期残疾保障金。一名 30 岁的工人，靠着中等水平的工资婚后育有两子，则其遗属抚恤金相当于上了一份价值 47.6 万美元的人寿保险，背书了一份价值 32.9 万美元的残疾保障金。有别于其他退休收入来源，比如 401（k）福利计划和个人储蓄，社会保障有着诸多特点，比如，它是赚来的、移动的、固定的，且免受通货膨胀影响的。事实上，社会保障是众多退休收入当中唯一有保障的部分。

当前，社会保障信托基金的资金储量足够支付直到 2034 年的全额保障金。到那时，仍有足够资金可以支付 79% 的保障金，到 2089 年可以支付 73%。个人对社会保障的支持在所有年龄层都很大，而保证其长期资金保障力则是社保政策的主要问题，我们将在本书的第八章中探讨社保政策的内涵。

养老金与个人储蓄相结合

提高个人储蓄金额——无论是通过 401（k）福利计划、个人退休金账户，还是其他手段——对于晚年享有财务弹性都非常重要。尽管今天有 2/3 的工人说他们希望从雇主资助的储蓄计划、个人退休金账户以及其他储蓄或投资中获得退休收入，还是有很大一部分退休人员和接近传统退休年龄的工人实际上并没有多少储蓄。在 55 岁以上的家庭中，有近一半根本没有退休储蓄（比如参与 401（k）福利计划、个人退休账户），更没有办法得到雇主提供的退休储蓄计划。然而更严峻的问题是，许多已经有退休储蓄计划的人坚信他们能通过计划获得更多收入，可实际上并没有想象的那么多。这里我们得到一个非常明确的信号：我们得存钱、存钱，存更多的钱！

健康保险

有一个简单的事实：如果没有足够的保险能够帮人们支付高额的医疗保健费用，人们在这个世界上是没有任何财务弹性可言的。实际上，随着年龄的增长，医疗费用的规划与管理是人们最为担忧的财务问题之一。如今，在美国近3万亿美元医疗卫生费用的大盘子中，年过五旬的人的花费占其中一大部分。而随着年龄的增长，人们在医疗保健方面的费用还会持续增加。即便有美国老年人医疗保险的保障，65岁以上人群中自费医疗的比重也越来越高。根据预计，十年之后，这个数字将由5000亿美元增至8000亿美元。现在，越来越多的人开始意识到，由于医疗保健费用高昂，如果没有足够的健康保险作为支撑，人们一旦遇到一次健康危机或者患上慢性疾病，就离破产不远了。因此，如果没有足够的健康保险，我们永远无法达到理想中老年生活所需的财务自由。现如今数以百万计的人获得了健康保险的保障，但是还有太多人没有得到这类保障，平价医疗法案则正是致力于解决这个问题的。

工作收入

如今,在传统的退休年龄阶段,工作被视为收入的重要来源。在所有年龄在 45~70 岁的员工当中,将近一半人计划工作到 70 多岁。对于一些人来说,这是一种选择,而对另一些人来说,则是别无选择。然而,这并不意味着从事与原来相同的工作,每周工作持续 40 个小时。有些人做了兼职,有些人转向了压力较小的工作,有些人选择自主创业或自由职业,还有一些人顺应共享经济带来的新机遇,接活儿打"短工",我会在下一章详细讨论这类工作。

第六章　怎样为未来存足够多的钱？

怎么赚到更多的钱？

在四大支柱的基础之上寻找融资新突破可以说是一项艰巨的挑战。幸运的是，新兴的赚钱方法与工具不断涌现，帮助人们获得财务自由。共享经济的飞速发展不仅让人们的生活更美好，更让人们有了新的收入来源，雇主提供的金融方案能帮助雇员在更加长久积极的生活中满足财务上的需求，移动信息技术也为人们提供了触手可得的财务管理工具，还有许多新工具的产生使人们免受金融诈骗的侵害。

借力共享经济

珍妮丝·哈拉德森住在肯塔基州路易斯维尔，是一位63岁的单身女士，深陷入不敷出的财政泥沼。三年来，她一直靠房客的租金填补养老金以及社会保障以外的缺口。她坦言情况并不是那么乐观，想要寻找其他赚钱的路子。她的房子亟待修葺，厨房的器具已经不堪使用。后来，她听说了爱彼迎（Airbnb）这种家庭共享服务软件能够十分便捷地帮你招徕租客。

一年半前的4月，珍妮丝决定一试，想着可以把一间屋子租给到路易斯维尔参加肯塔基赛马的旅客。"嗯，刚刚起步。"她说，"我现在能租出去一到三间屋子，有时候工作间也能租出去。我的定价还是比较合理的。30~35美元一晚，因为我想为境况相似的人提供服务，他们都是些随着经济危机走入萧条、勒紧裤腰带过日子的人。无论年轻人还是老人，都受到了这种住宿方式的影响。越来越多的老年房客在孙辈人的怂恿下开始尝试这种住宿，他们在看望亲戚的时候不用非得在对方家里落脚了。我这儿还有房客来看望住在附近的养老院或辅助生活社区的父母。"

她的爱彼迎业务一稳定下来、赚了些钱，她就有了足够的信心申请了周转贷款，给房子做了一次大修，包括屋顶、排水沟、粉刷，还有围栏。爱彼迎最开始是为"千禧一代"设计的服务，但据其政策研究主管安尼塔·罗斯所说，美国国内业务中有将近1/4的房主在50岁以上。"这种服务吸引着所有年龄段的人，特别是50多岁的人，这部分群体渐渐成为空巢老人，且收入较为固定。"她说道。

爱彼迎公司最近一次调查发现，在50岁以上的房主当中，将近一半人要靠他们在爱彼迎的业务贴补日常生活，超过30%的房主说爱彼迎的租金使得他们能继续在家养老。此外，旅行中用爱彼迎订房的50岁以上的群体也在增加，这样他们降低了住宿成本，可以省下钱去更远的地方。爱彼迎表示，其在全世界拥有数百万的60岁以上的房主，占总数的10%。这不仅给他们带来了收入，更让他们始终活跃在社会当中。

越来越多 50 岁以上的人们正在借力新兴的分享经济，珍妮丝只是其中的一个，他们一方面通过出租其资产增加收入，包括他们的时间和技能，另一方面通过按需购买即时服务，把钱省下来用在更多的地方。

普华永道会计师事务所发布的一项研究表示，美国有 19% 的成年人作为买方或卖方参与着分享经济。卖方中，约有 1/4 是 50 岁以上群体，他们估算其经济规模将近 150 亿美元，而到 2025 年，这个数字将增长到 3550 亿美元。其他吸引着 50 岁以上群体的分享经济型公司还有以下几类。

优步：越来越火的最大拼车服务公司。据优步估算，近一半的司机年龄超过 40 岁，50 岁以上的司机占 1/4。

旅程接力：连接车主和寻找便宜租车顾客的服务平台。57 岁的斯科特·尤尔里奇在航空航天公司人力资源部门上班，有着稳定的薪水，同时通过旅程接力把他的起亚 2010 版秀尔轿车租了出去，平均每月又有了 400~450 美元的进项。"分享经济就是我的退休金计划，"尤尔里奇说，"要是能早点发现这些小商机，我说不定还能早点退休。"

任务兔子：将具体工作（如手工活、看孩子、清洁房屋）与愿意有偿接任务的人联系起来。63 岁的威廉·多布通过任务兔子赚钱弥补退休金以外的缺口，去年下岗后，他把 401（k）福利计划的退休金给停了，他现在帮人家装配宜家家具，每小时能赚

49美元。

禅享：一款销售软件，帮助招徕顾客，协调共有人，出租飞机、房屋和船只。"我们大多数客户都在退休年龄。"禅享的联合创始人肖恩·坎普说，"共享费用高昂的物品，能让人们只花一部分费用就能享受到奢侈品。"

狗狗假日：这款服务能帮你在度假期间为宠物找到可靠的寄养者。在美国和加拿大，有超过2万个接收狗狗的寄养者在该平台注册，其中年过五旬者约占总人数的1/3。

房屋管家、可靠看家人等：在美国和欧洲，有大量的房屋托管网站。许多退休者通过给他人看家的方式供自己环游世界。

若是把其作为主要的收入来源，分享经济可能并不是家庭收入里最为稳定、可靠的手段。从成本来讲，通常由公司来负担的成本在这里是分摊为个体的责任。许多零工并没有任何福利［比如健康保险、退休金或401（k）福利计划］，而且也是不受劳动法保护的正规就业部门。尽管如此，当我们的支出超出了个人退休账户、退休金、社会保障金等收入时，分享经济不失为增加收入、填补短缺的一种手段。而要增加存款为退休做准备，这也是不错的外快来源。

财务健康计划

越来越多的雇主意识到，为员工的财务问题分忧也会给公司带来益处。有近1/4的员工表示，个人的财务问题会使自己无法集中精神，严重降低工作效率。在见证了健康计划给员工的生产力带来积极影响之后，越来越多的公司为了帮助员工减少财务压力，正在创立金融富足计划，为员工建立稳定的财务基础，制定财务发展计划，帮助他们实现未来的财务目标。

首批采用财务健康计划的机构之一就是美国国家橄榄球联盟球员协会（NFLPA）。球员服务与发展总监达娜·哈蒙德说，财务健康计划能够大大帮助球员从球场退役后成功过渡到新职业。

球员协会的财务健康计划为球员们提供了一个在线学习中心、一个资金问题热线，并定期评估球员的财务状况。评估结果显示，几乎所有球员都想了解更多关于投资的信息，以及如何处理亲友借钱的问题。新秀球员们普遍对购买健康保险的兴趣较大，而退役球员们则对房产规划更感兴趣。

财务健康计划不仅仅关乎退休规划，它们更能帮助工作者防范更多的应急风险，包括因死亡、疾病、受伤或失业造成的收入损失，以及预料之外的自费医疗和非医疗开销。任何这样的情况都会造成一个人财务上的危机，迫使他依赖401（k）福利计划或者依靠贷款度日。

移动信息技术

目前，几乎所有主流金融机构通过智能手机和移动信息技术，都能让人连通金融账户、产品以及服务。例如USAA保险公司一直以来都是金融技术的领航者，创造性融合移动信息的特性与功能，让他们的客户得以随时随地登录账户。他们通过面部或语音信息识别客户身份，是首家让客户通过生物识别技术认证登录的公司。这不仅让客户访问 USAA 账户更加便捷，也增加了一道安全保障。如今人们可以看到各式各样的扩展服务，供应商开发出越来越多移动信息与预算账户相结合的应用，将储蓄、投资、支付、折扣以及其他功能融为一体。这能让用户更加全面地掌握财务情况，获得实时的财务交易反馈。

毋庸置疑，许多类似的金融工具和创新的移动技术都是针对富有人群开发的，他们是拥有能够自由支配的资产、有足够的储蓄潜力以及能让供应商收取费用的群体。

第六章 怎样为未来存足够多的钱？

守住你的钱袋

美国50岁以上的人群十分担心诈骗和身份盗用的问题，这并非杞人忧天。2014年，美国人遭受的身份盗用、投资诈骗以及其他金融性欺诈问题导致直接经济损失180亿美元，50岁以上人群相比其他年龄段人群会拥有更多资产，往往容易被当作目标。

因此，金融机构以及其他金融服务提供商认识到了帮助客户严防欺诈和身份盗用问题的重要性。他们清楚，因安全漏洞而导致的信誉度下降会伤害到他们与客户的关系，也会对客户的收入造成损失。

目前，一种渐渐流行起来的解决方案就是利用芯片信用卡技术（这项技术已经在欧洲应用了很多年）。你可能已经注意到了，在新型信用卡上出现了一个金属小方块。这种防诈骗芯片在卡交易时需要把卡完全插入，而不是以刷卡的方式。这种有芯片的卡在人们付款时更为安全，不会像磁条那样被人轻易复制。这意味着犯罪分子更难通过复制伪造银行卡来盗刷。然而，芯片技术也无法防范"无实卡"型诈骗，比如网络支付，也无法避免像Target和Home Depot这种零售商所卷入的数据泄露事件的发生。

技术的发展也会以其他方式应对诈骗。比如True Link金融公司,在 Aging 2.0 风险投资与全球创新平台资金的支持下,提供 Visa 借记卡,可用于在非正常交易过程中提醒持卡人(同时也会给家庭成员或护理人员授权)。

五年前,True Link 金融公司创始人凯·斯廷奇库姆和家人发现,他的祖母每个月都要向假慈善机构开具将近 75 张支票。"她的善款从原来的每月 50 美元很快增长到每天 50 美元,"他说,"她是印第安纳波利斯市的一名退休老师。根本负担不起每天 50 美元的开销,事实上,这费用是她全部生活所需的开支。"

金融机构所能提供的标准化建议是让类似斯廷奇库姆的家庭,通过授权书或直接接管的手段控制住他祖母的银行账户,因此就会夺走她的支票簿,同时还有其经济上的独立性。"这种非零则一的方式'让她无法管理自己的财务,也就意味着她碰不到自己的钱了'。"他说。对于斯廷奇库姆的家庭来说,把他的祖母拷在财务的枷锁里根本不是办法。"若仅因为她的某种健忘就突然一下子把她的世界收窄,我们是无法接受这种做法的。"

True Link 金融公司能让像他祖母一样患有阿尔茨海默病的患者,在保障措施之下依然保有自主权。人们可以在交易过程中设置一些限制,例如提款金额上限、订阅杂志量限定、电话热线捐款数额。这些都能通过 True Link 的软件检测到。"有了这种精妙的软件,"斯廷奇库姆说道,"你可以创造一些个性化的量化门槛。"

斯廷奇库姆认为,这种服务是一种具有慈善性质的生活辅助,每月只需 10 美元，即便是面向认知能力下降的用户，也能够既保障其独立性，也保证其生活品质。他说："人们对独立的认识是错误的。真正的独立并不是不需要任何帮助，而是在于予人所需。"

Ever Safe 是另外一家利用技术来监督非法金融活动的公司。其防御网络能够检测到未经授权的信用卡交易、异常的现金提款、消费行为变化、身份欺诈等。与 True Link 一样，老年人可以指派其信赖的律师帮助监控账户。服务费用为 7.99~22.99 美元，具体金额取决于监控程度。

在退休者协会，我们建立了一个防诈骗网络，用于追踪最新形式的骗局，并按地域提醒会员注意当地最为盛行的诈骗手段。这个网络能展示骗子是如何盗取你的钱财的，并向您提供一个热线电话，另一端会有经过训练、知道如何辨别和公开诈骗手段的志愿者与会员交流。

毫无疑问，随着技术的不断发展，诈骗行为也会持续演变。因此，我们需要携手努力，寻求新的途径予以打击，保护我们的资产。

我们不仅要比以往几代人享有更长的寿命，也面临着更加复杂、具有挑战且飞速变化的金融环境。我们的生活方式与老去的路径也有所不同。旧有观念中的退休储蓄已经无法适应今天的世界了，就连退休储蓄这个概念也已经是过去式了。我们需要新的模式来巩固我们的储蓄，让我们拥有财力去做我们在今后生活中想做的事，无论面临着怎样的困难，都能让我们在财务上有一定的弹性，满足生活中的种种需求。

虽然面对日益复杂的金融环境以及钱不够长寿生活所需的挑战，我们正在通过技术创新、商业模式创新以及新的供应商打破僵化的金融市场，重新塑造金融环境，并给自己更多不同以往的理财选择。这些变化使人们能更好地把控财务前景，做出更明智的财务决策，并为他们想要的生活和养老的方式创造更多的选择。

伴随着越来越多的选择而来的是更多的责任。我们需要更好地了解金融体系和运作结构，需要为存储、管理财务、积累财富资源负有更多责任。同时，我们也必须改变观念，采取更全面的方式来为我们的未来融资。

第六章　怎样为未来存足够多的钱？

行动起来

怎样为未来存够足够多的钱？

如今，人们的财务状况、理财观念以及面向未来的打算需要与长寿的现实匹配。我们的人生更加长久了，财务状况自然与父辈的截然不同。过去的退休模式早已过时，现在是创造一种新机制的时候，让我们得以更从容地选择想要的生活。

旧有模式：为退休做准备

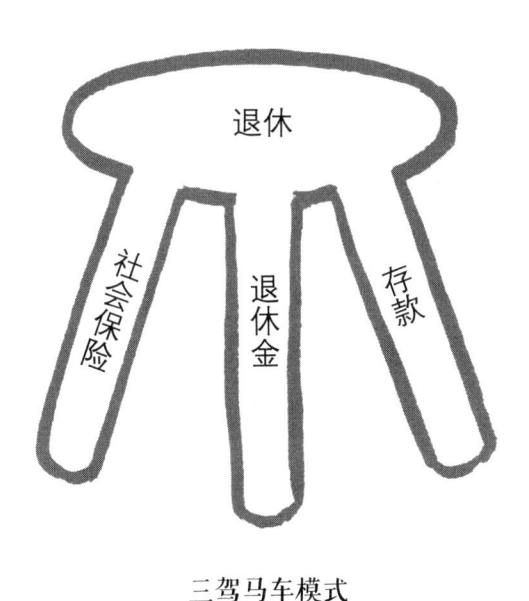

三驾马车模式

171

被延长的中年

新途径：拥有财务弹性

四大支柱模式

（图示：房屋形状，屋顶标注"自主选择生活"，四根支柱分别为"社会保险"、"退休金与存款"、"健康保险"、"工作及其他收入"）

你的观念

一起来谈谈你对理财、财务状况及未来的打算。看看它们会触及你的哪条神经?

◎ 提起对未来财务的打算,你有什么感觉?兴奋、害怕还是压力巨大?

◎ 你的原生家庭对金钱抱有怎样的观念?对于你的家庭来说,钱意味着什么?

◎ 你觉得这对你现在的价值观有影响吗?有没有想要摒弃的观念?

◎ 你现有的存款是为何而准备的?你对存款习惯有何见解?什么比较难?什么比较容易?

◎ 在生活中,哪些人的理财能力让你羡慕?你能从中学到什么?

你的打算

想象一下你10年之后的生活，你是否曾构想过未来的生活、兴趣爱好以及人际关系？

◎ 你是否考虑过自己想要的未来生活需要多少钱支持？是否仰仗社会保险？是依靠存款还是继续享有源源不断的收入？

◎ 你是否想过自己有能力负担巨大的开销，譬如出现重病、需要负担家里的病人等情况？

◎ 未来20年你还会继续工作吗？是否还在为同样的事业奋斗？有没有考虑过创造更多的机会与选择？

◎ 你将如何处理紧急情况？

◎ 你有资产吗（如房子、车子等）？它们能给你带来额外的收入吗？你是否会加以利用？

chapter 7 第七章

50 岁以后，如何找一份新工作？

> 根本没有平衡工作与生活这一说。
> 有的只是你在工作与生活中的各种选择。
> 做出选择，得到结果。
>
> ——杰克·韦尔奇

5 年前，在政府部门工作了近 25 年的我，面临着一个选择。当时，我收到出任美国退休者协会主席的邀请。担任国会图书馆首席运营官多年后，我曾多次表示卸任之后希望能有机会尝试在一个基金会工作。说是这么说，可我也一直没有真正行动起来。后来，机会突然自己冒出来了。当时，我的儿子已经长大，女儿还在上大学，先生则是刚刚退休，正在做咨询工作。如果遵循了我父母一代的传统观念，接纳许多同事和朋友的建议，我应该就会拒绝那个机会直接退休。然而，我心里总觉得自己还没有做好要退休的准备。我还想做些不同的事情，一些可以真正有所作为的事情。

因此，我做出了大胆的尝试，最终加入了退休者协会，并出任主席；继而又担任了首席运营官，直到现在的首席执行官。

回首往事，我惊觉自己真的差一点就错过了这个机会。因为当时考虑是否接受机会时，我的脑海中总有一个声音在劝我，应该按照社会规律安安稳稳地从公共事业中退休才对。幸亏当时的我没有听从那个声音，才造就了今日的我。今天，数百万和我一样不听话的人，造就了自己的人生新阶段。

然而，我并不孤单，我有很多同事也做了和我一样的选择，人到中年之后再次开始了新的事业。我相信，大家或多或少都认识一些中年之后开始创业或者开始从事与过往完全不同工作的人。这些人中，有的是因为非常喜欢自己从事的职业，到了退休年龄仍打算在行业中发挥余热；有的则加入了非营利性组织，成了志愿者。这些选择都体现了今日美国人在劳动观念上的改变。

第七章　50岁以后，如何找一份新工作？

50+ 劳动力的回归是必然趋势

年过五旬的人们，在积极寻求新的发展机会及人生可能并努力学习探索时，就会将所有精力专注于生活本身，而不再是开始变老这件事情。此时他们所关注的，不仅仅是自己需要的，更多的是自己想要的。他们不再为工作而奔忙，而是为生活而努力。他们不再是简单地为退休后 10~15 年的生活做打算，而是展望三四十年甚至更长远的未来中富有意义的生活。

今天，走进美国几乎所有的社区，你都会发现，50 岁以上人群基本都在专注思考诸多难题的解决之法：我该如何平衡自己的生活和工作？未来的二三十年甚至更多年里，我又该如何规划自己的生活与工作？在飞速变化的世界中，我将如何获得幸福和享受安宁？

对于许多人来说，找寻幸福与安宁的途径是在不断变化的。人们正在重新塑造未来的道路，不断调整，以实现自己不断变化的目标与梦想。对于大多数人而言，幸福往往要通过工作来获得。

美国的劳动力市场也正在逐渐老龄化。自 1948 年以来，美国 65 岁以上的劳动人口首次超过了青少年的工作人数。2002 年，50 岁以上的劳动力数量占了总劳动力的将近 25%；到 2012 年时，这个比例接近1/3；预计到2022年，这个群体可能占到总劳动力的36%，这种趋势在短时间里不会发生变化。2014年，美国超过1/3的劳动者表示，到了传统退休年龄之后，自己希望能继续工作，不管是因为出于自愿还是迫不得已。尽管许多人是因为需要钱而工作，但不能否认，还是会有一部分人是出于希望能够回馈社会的目的。正因如此，人们才会通过工作去寻找生活的意义。

无论出于什么原因，在美国，年过五旬的人们继续参与工作对于雇主来说无疑都是个好消息。2014年，人力资源集团的一项人才短缺调查结果显示，美国有40%的雇主认为，目前要找到合适的员工很困难。在美国，难以招到合适员工的岗位涵盖了教师、护士、司机、财务人员、IT技术人员、各类销售代表及餐厅和酒店工作人员。雇主发现，想要招聘和留住合格的劳动者越来越困难。而年过50的劳动力人数在总劳动力中占比逐年增多后，雇主开始看到一条解决劳动力缺乏的新途径。如今，步入中年的劳动者们为给今后生活谋一份切实的生计，大部分愿意在传统退休年龄后选择继续工作。因此，遭遇了年轻劳动力比例下降和上述领域人才的短缺后，许多雇主开始转向招录50岁以上有经验的工作人员，以获得并保持竞争上的优势。

一些人力资源管理者曾经认为，上了年纪的资深雇员完全可以被初出茅庐的新人替代，现在他们也不得不重新审视这种观念了。他们当中的许多人甚至正在寻找新方法来鼓励50岁以上的资深雇员到达传统退休年龄之后继续留在岗位上工作。越来越多的事实证明，即便资深雇员在眼下及未来财务需求的驱动（例如工资和福利）下开始考虑是否继续工作，实现自我价值的愿景也会很大程度上影响他们最终是否决定留下。因此，50岁以上的工作者非常重视雇主的非财务性机制，例如灵活的工作时间、远程办公的可能性、培训和教育的机会、分阶段退休计划和能使他们转型到其他领域工作的工作转换机制。

美国有一部分雇主已经开始进行此类创新，以图能够吸引并留住50岁以上的工作者。而难适应这种劳动力结构变化的雇主，很大程度上是因为对老年雇员的价值抱有消极的刻板印象和守旧观念。

无论是出于经济方面的需要还是为了追求自我价值的实现，越来越多的美国人开始选择延长自己的职业生涯，或在退休后以另一种身份重返社会。尽管国情已经发生改变，但有些雇主仍然没有看到老年员工对公司的价值，仍将其视为累赘而非资产。这些雇主至今都不能认可雇佣老年员工和留任再培训老年员工所具有的优势。

假如，人们想要或需要在传统退休年龄之后继续工作，就要破除关于老年员工的陈旧观念，想出新的解决方案，为所有人提出更多的选择。

50岁以上的员工能够适应飞速变化的劳动力要求，而许多企业却看不到这一点，因为这些雇主对年长员工的优势并不了解。他们对年长员工抱有错误的认识，观念尤为过时。过去，美国的雇主谈及年长员工时，往往是从年长员工给企业造成的负面印象开始，却很少考虑到他们所带来的利益。年长员工在企业中待的时间更长，医疗保健成本更高。同时，年长员工的确也存在一些客观问题，譬如生产效率和能力会比年轻人略差，不愿意或更难适应技术革新，培训成本更高，对改革较为抵触。一些适应能力、创新能力、创造力输于年轻人的年长员工，还不愿意根据工作要求更换岗位。基于以上种种，年长员工总会被视为增大企业开销的因素。

诸如此类的错误观念，都是因为没有认识到现代人老去方式已经发生了改变而产生的。例如，关于年长员工的一种误解就是，50岁以上的员工由于经验较为丰富，额外的福利成本较高，因此比年轻员工的工资要高出很多。但持有这些观念的人没有意识到，尽管工资成本会随着员工年龄的增长而增加，特别是医疗费用部分，但其实对雇主的影响是微乎其微的。因为，美国国内近年来补偿金与各种福利已经淡化了年龄与劳工成本之间的关系，所以用人单位不必再用年龄作为考量招聘、留任员工成本的重要因素。

相关研究表明，在今日美国，工作年限带来的工作经验累积，其实可以促使工作生产力随着年龄的增长而增加。50多岁的人可能与年轻人的生产力依旧相当，甚至在大多数情况下还要更高。美国密歇根大学就年长员工对经济和技术进步的贡献开展了研究。这项研究发现，事实上在美国，员工随着年龄的增长，整体的生产效率也会随之提高。

认为 50+ 的员工无法学习或运用新技术，也是一种错误认知。实际上，年过 50 的人，每 10 个人当中就有 9 位经常使用电脑、平板电脑或智能手机；而 10 人中就有 8 个人对计算机、信息通信技术的相关培训非常感兴趣。这个年龄段的人，只有不到 20% 的人在适应工作中所需要的新技术时感到吃力。通常情况下，导致 50 岁以上员工学习新技术感到困难的原因并不是他们学不会，相反，是因为有太多的用人单位在年长员工培训上不肯花钱。随着计算机与其他数码设备在人们生活中逐渐普及，完全无法使用电脑的一代人也渐渐退出社会工作，技术学习这一点在年长员工技能提升方面不再构成问题。

另一种误导人的观点认为，老年员工缺乏创新创造能力，适应能力也低于年轻同事。其实，让不同背景、经验和观点的员工在一起工作，有助于构建创造力十足的工作群体。一个群体中，如果汇聚了各个年龄层、种族以及不同背景的员工，更容易拥有丰富的想象力和创新层次，也更容易成功。正如第三章中提到的，已故的吉纳·科恩博士曾发现，人的创造力与创新意识实则随着年龄的增长而强大。同时《华尔街日报》的维韦克·瓦德瓦专家也提出，"创新是没有年龄要求的，我们需要老年人和年轻人在一起工作"。维韦克说："年轻人在新世纪当中是软件开发的主导者，但老年人看待世界的角度更为实际，掌握跨学科的知识以及管理、经商技巧，行事更为成熟。这是人们在解决世界上的所有难题时都需要的合作伙伴。"

很多用人单位不愿意留任、重新培训和招录年老员工，还有另外两个原因，这两个原因也都是因为不愿革新观念造成的。这类雇主笃信"劳动合成"理论。这种理论是指，如果年龄在50岁以上的员工仍然在工作岗位上，他们就会剥夺年轻员工的就业机会，甚至会把年轻员工排挤出去。这种理论尽管在很久之前就被证明是谬误，但仍在社会中经久不衰。正是基于这样的假设，一部分人认为社会上的工作岗位数量和工资数额在经济体中是固定的。实际上，在任何经济因素的干扰下，这两者都是可以扩张或收缩的。过去许多人认为，老年员工并不像年轻人那样有效率。当人们努力破除陈旧观念并强调年长员工对用人单位的贡献后，用人单位就不会再用"劳动合成"理论拒绝雇佣年老员工并为他们投资。

20世纪下半叶，大量妇女开始加入工作行列时，同样的说法也甚嚣尘上。虽然男性在工作岗位中的数量的确有所下降，但所增加的女性工作者数量远低于此。男性工作者数量减少的一大部分原因还是因为年长工作者。工作岗位上某一人群数量的减少，很大程度上应归因于社会保障制度、养老金以及其他保险制度的建立，而非因为这类群体被其他群体所取代。

研究表明，尽管年长员工在工作岗位上会导致用工成本增大，但也正因如此，这会拉动经济的增长，创造更多的就业机会。此外，年长员工也更倾向于给儿孙辈花钱，这一部分钱又将作为消费或投资回归于经济体之中。经济学家乔纳森·格鲁伯和戴维·怀斯,曾对此问题开展过全面的研究。在研究中,他们发现:"没有证据表明增加老年人就业将减少青年的就业机会,也没有证据表明增加老年人就业将导致青年失业率升高。"

另一个过时观念是,年长员工会造成代际之间的矛盾。曾经,每10名雇主当中就有9人,在招聘时担心年长员工会与年轻管理者之间发生矛盾。

雇主担心,年轻管理者往往不知道如何管理年长员工,而年长员工也不知道怎样能让年轻管理者满足他们的需求。在这种情况下,管理者与员工之间的摩擦会更频繁地发生。这个问题的确客观存在,但根本原因并不是年龄问题,而是因为经历不同。而且年轻管理者们没有找到合适的方法去监督并激励经验丰富的年长员工,才会导致代际摩擦。不仅仅是年长员工需要活到老、学到老,为了增值而紧跟技术进步,年轻管理者同样需要学会如何与年老员工合作。

一般来说,大多数雇主通过金钱激励员工,对其升职与职业发展前景做出承诺,利用解雇手段让渎职者有所惧怕。但这些影响因素对于年长员工尤其是接近职业生涯结尾的人群而言,都是无关紧要的。想要管理好这些年长员工需要采用不同方式。

首先,每一个人都需要更新旧有价值观,包括重视使命感,明白自己工作是为社会服务,而非仅为股东赚钱。其次,雇主可以视自身情况而定,给予年长员工更为灵活的工作时间。再次,雇主可以为年长员工提供更多针对老年人群的可选福利。

25年前，许多男性员工常常因"我能向一个女人汇报工作吗"这个问题而对工作提出质疑。如今，这个问题早已不成为问题。由此可见，如今困扰许多年长员工的质疑"我能向一个小年轻汇报工作吗"，的确需要时间才能给出回答。但毋庸置疑，答案终还会是"是的"。随着人口结构不断改变，这样的情况会越来越多。但是，这需要年轻管理者和年长员工双方的共同改变。如果这些问题都能得到正确处理，那么未来的劳动力结构将更好、更强、更富成效。

年过五旬的员工，可以通过许多不同方式给自身劳动力带来诸多附加价值。他们劳动力的增值包括丰富的工作经验，成熟的专业性，较强的职业道德、忠诚度、知识储备和理解能力以及作为人生导师的能力。这一切都体现出当下经济高度重视的特点。相比年轻的同行，年长员工的情绪也更稳定。他们会有更少的负面情绪，能更游刃有余地处理紧张局面；他们善于合作，比起年轻员工而言更少挑起冲突。此外，与年轻员工想比，年长员工毫无预兆就辞职的可能性极低。因此，相同的资金和时间投入下，年长员工更不易造成劳动力的损失使资源能够更有效投入到净收益生产当中。

有一个特别有趣的事实必须和大家分享一下。在美国，许多雇主不会雇佣老年员工，也不愿意为年龄较大的员工投资，是因为他们觉得为接近退休的干不了多长时间的老人投资非常不划算。然而，这些雇主却没想到千禧一代更喜欢跳槽，在哪里都待不上两三年。现如今,同样的时间与资源花在年长员工身上其实更有意义,因为他们在岗位上持之以恒的可能性更高,较少会在接受培训后一两年内就跳槽,甚至跳到竞争对手那里。

年长员工也会通过影响其他员工而创造新价值。研究表明,年龄较大的员工积极性较高且经验丰富,具有较强的参与性,所以他们有助于创造更积极有效的工作环境,从而提高生产效率,增加工作成果。

美国退休者协会的一项研究发现,大多数会员提起工作仍感到兴奋。面向 45~74 岁会员开展的调查表明,绝大多数人对自己的工作感到自豪,也希望在工作中不断进步。因为工作是他们自身重要的一部分,还有很多关于工作的计划有待完成。

在美国,可以通过多多关注劳动力积极的一面,去破除陈旧过时的观念,改变传统观念中对年长员工的偏见。退休者协会正在开始推行适合改变的方法,为那些到了传统年龄依然想要或需要继续工作的人们提供更多的选择。我相信,任何想要或需要工作的人都是可以承担一份工作的。这不仅仅关乎老年人的经济稳定,更能把年长者的丰富经验注入各行各业中,以惠及社会整体与经济的发展。年过 50 的人群作为员工也好,作为消费者也罢,都将给企业带来巨大的经济红利。如果雇主们不在这方面多加投资,将会使他们自身利益受到极大损失。

被延长的中年

改善工作条件以适应年长员工，有百益而无一害

在过去，美国大多数人都在遵循一种按部就班的模式：年轻时接受教育，长大后参加工作，到了年老的时候就享受退休的清闲。如今，这种流水线的生活模式已经发生了变化。许多老年人的生活再也不是这种模式了。许多人在退休之后选择继续工作，还有些人则重返学校学习新技能。现在，美国制造业有很多企业需要老年人继续工作，以填补劳动力上的缺口。既然如此，雇主们怎能一口咬定老年人就不能参与工作？他们应该也必须学会接纳年长员工。

年长员工在工作中真正想要的，与其他年龄层劳动力并无二致：有挑战且有意义的工作，学习、发展自我和进步的机会，可以兼顾工作与生活，平等的对待，有竞争力的工资等等。所有这些中，最重要的就是工作的灵活度。从根本上来说，工作的灵活度指的是一个人对自己的工作条件有一定把控，同时信任且尊重自己的管理者和雇主。相关研究学者将这些看作是激励与奉献的关键因素，它们的存在远远早于智能手机的发明。其实，不论是哪个年代的员工，都十分看重工作的灵活度，它被视为帮助劳动者平衡工作与生活需求的关键因素。

灵活的工作环境和工作架构决定劳动者何时、何地、用何种有别以往的方式完成工作。灵活性可以通过多种形式表现，它与员工在办公室花费的时间成反比。譬如，灵活的工作形式，如远程办公、兼职；灵活的工作时间，如缩短工作日、排班上的可调控性；在技术的辅助下还可以设计灵活的工作空间，甚至灵活的劳动契约，如退休返聘。

全球知名汽车制造商"宝马"审视过自己的劳动力年龄结构后，决定对分别由年长员工和年轻员工组成的两个装配生产线进行产量和性能表现的测试。测试结果表明，根据人体工程学对流水线进行微调后，老年流水组装线的生产效率和年轻流水组装线的水平相当，而缺勤率远远低于工厂的平均水平。

"宝马"为了适应年老工人的需求，根据人体工程学设计原理对厂房进行了70处设备改进。其中包括铺设木质地板、可以让员工们坐着干活的理发店式的转椅、舒缓眼睛疲劳而使组装时减少错误的放大镜，甚至年长员工每天所做的伸展工间操都是请专业理疗师设计的。

基于这次实验的成功，"宝马"在世界各地的工厂纷纷进行了类似的设备改进，帮助上了岁数的工人更好地开展工作，间接促进了生产效率的提高。

被延长的中年

美国最大的药品零售公司CVS在工作灵活性方面也有不错的举措。CVS公司有一个雪雁计划，通过该计划，该公司在美国北方各州的上百名药剂师与其他员工每年冬天都会到佛罗里达州或其他温暖的城市工作。这一项目不仅照顾了年长员工，更使得公司在美国南部各洲的业务在寒冷的几个月内得到了快速激增；同时也创造了培训和指导机会，为公司的培训和招聘省下了不少开支。全球领先家居建材用品零售商、美国第二大零售商家得宝公司，雇用了成千上万的老年员工。家得宝公司相信，员工丰富的经验能带给公司比其他竞争对手更大的优势。老年员工最重视的就是自己工作的灵活性。家得宝公司的管理者让公司中的老年员工每周填写工作时间表和擅长之事，使管理更为简单。很多老员工因为知识渊博而渐渐成了年轻工人的"助理教练"，为年轻员工做培训、开展业务指导。

2013年，60岁的苏珊·诺德曼在缅因州买下了一家小型手提包公司Erda。苏珊留住了原公司所有的老员工，给予他们工作上的灵活性，从而保证他们可以将手艺悉数传授给新员工。苏珊接受《纽约时报》的采访时表示："行业里的重要技术是否得以传承，决定了企业能否长存。我公司的员工必须通过亲手操作才能掌握相关技术要求。而花时间学习和勤于练习，才能让新来的员工真正掌握这门技艺。除此之外，还有一个重要的前提，就是得有人在身边指导他们。"

在 Erda，每位员工都有办公室的钥匙，所有人可以自己安排工作时间。假如你可以每天早上五点半就来上班，那么到了周五就可以只上半天班。这种灵活性还被扩展到员工的健康保护上。苏珊为员工提供了每日工间操时间，让公司年长员工们都能保持身体的灵活性。

此外，苏珊还对生产设备进行了符合人体工程学的现代化改进。新的设备让员工大部分时间不必站着而是坐着工作，大大减少了员工的重复运动，保护了他们的关节。

苏珊也在破除老年人接受新鲜事物很慢的旧观念，因为她发现学习能力与年龄其实没有关系。"公司里那些年长员工非常轻松就能接受新的工作方法。"她说，"当我在工序中加入了一种法式接缝设计时，他们都围到电脑跟前来看YouTube视频网站上的一个教学视频。这些年纪大的员工全都是看着视频学会了这种接缝设计。"

除了创造灵活的工作场所和工作结构之外，许多雇主也开始将退休视为一个过程而非一个简单的节点。雇主纷纷提出新方法来帮助员工面对退休或转向其他工作的过渡，其中包括一系列就业和住宿方面的安排。这些安排，可以让接近传统退休年龄的员工在工作中减少工作量，逐渐从满负荷的全职工作状态过渡到退休状态。某些情况下，雇主渐渐开始欢迎退休员工重返企业，在与之前不同的临时岗位或项目中工作。

无论是想要全身心地参与社会，还是乐于为社会做出贡献，抑或只是简单享受当下所做的事情，退休者大都希望能有更多时间在工作之外开展活动，同时在工作中保持一种积极的心态。

另外，许多公司开始意识到，他们仍然需要老员工的专业知识。于是，美国退休者协会开始推行"分段退休"计划。这一计划让年长员工逐渐减少工作量直至离开岗位。这对年长员工而言，非常具有吸引力。分段退休，让员工在退休前一段时间内缩减一定工作量，确保老员工保持活跃的同时还使其有时间能将专业知识传递下去。

还有一种逐渐流行的形式叫作"退休返聘"。雇主通过这种形式召回退休员工，在工作忙碌时期或独立项目中工作。拥有超过22万名员工的米其林北美公司，就是依靠老员工进行知识分享、指导新员工并传授经验的。他们建立了一个正式的退休人员就业计划，让有意重返岗位的退休雇员参与适当的项目。

贝斯以色列女执事医疗中心是位于美国马萨诸塞州波士顿的一所国际知名医疗中心，是哈佛医学院的主要教学医院。它已经可以接受退休人员回岗做全职、兼职或按时计费的各种工作。退休人员在休假六个月后仍可继续工作。退休医生在临床诊疗上的丰富经验，能更有效地为患者解决病痛困扰。在需要具有多年临床学科经验的医疗行业中，老员工的回归无论是对医院还是患者而言，都有着直接且积极的影响。

第七章 50岁以后，如何找一份新工作？

和年轻人一起工作，效率更高

劳动人口老龄化对美国企业和非营利部门也产生了破坏性的影响。企业和各机构也在努力寻求有效管理代际劳动力的方法。面对可能由年龄跨度达四代的员工组成的劳动力结构，他们也在不断寻求最大限度地合理利用劳动力（特别是年长员工）的方法。

从某种角度而言，人们今天需要面对的关于劳动力老龄化的问题，与30年前我在政府部门开启职业生涯时遇到的问题十分相似。那时候的问题不是如何处理大批老年工人，而是如何处理劳动群体中越来越多的妇女和少数族裔。容纳多元文化是全美国各地企业家漫长的征程。同时，它也教会了美国人何为包容的力量，而多元化也正是美国的力量所在。今天，雇主们挣扎着接纳老年员工正是继那征程之后的又一段路程。时至今日，大多数企业领导者已经能够认识到多元化员工所带来的优势，却很少有人将老年员工视为这多元化中的一部分。历史告诉人们，那些不能适应社会变化（如劳动力多元化和老龄化）的组织，最终会因为因循守旧而停滞不前。假如企业将千禧一代、垮掉的一代、婴儿潮一代以及沉默的一代汇聚一堂，那么管理者肯定能从代际劳动力中获得独特观点以及日常工作中的多元化方案。

全球医疗保健公司葛兰素史克通过网络形式为代际间的理解、合作以及跨学科培训机会提供支持。这些计划为老年员工提供了一个机会，来感受与年轻同事之间的联系；反过来，年轻员工同样受益于老年员工的知识和经验。

在加利福尼亚州圣地亚哥的 Scripps Health 私人非营利组织卫生系统中，公司会邀请员工参加针对特定目标群体的教育项目。例如，他们有为准父母员工提供的课程，用于帮助这些就像三明治一样夹在父母和孩子之间的员工们，以及为照顾他人者提供的研讨小组。

诸如此类的计划为老年员工和年轻员工创造了一个温馨的环境，反过来又促进不同年龄层人员互相之间的理解，从而促使所有员工积极参与其中。

给予平等的培训机会

即使 50+ 的人们留在劳动力群体中的时间再长，美国劳动力市场还是供不应求。越来越多的美国雇主正在考虑招录年纪更大的员工来填补岗位缺口。但这样的员工，如果没能获得相关培训，保证其胜任工作，最后也无法融入工作环境。老年工人希望有机会获得培训并拓展技能，以保持其生产力，拓宽他们的职业选择。他们认为在职培训是决定这一点的重要因素。但是这一点现在存在着断层。

既然老年员工同样能为美国企业的生产力做出贡献，他们不也应该有同样的机会接受培训以保证能更好地工作吗？然而，绝大多数的职业培训机会都是为处在职业初期的青年员工提供的。这一怪象还是过时的观念所造成的。直言不讳地说，许多企业都没有认识到，如今人们老去的方式与前几代人是截然不同的。他们还抱着陈旧观念不放，认为老年员工根本不值得公司为其在培训上进行投资。尽管年龄较大的员工比年轻员工忠诚度更高，但许多管理者仍然认为年长员工剩余工作时间不长，导致公司难以收回投资成本。如今技术革新日新月异，许多雇主认为年长员工不想也不再能学习，或者需要太长时间去适应新技能，而年轻员工则能够熟练掌握更多的现代技能。

实际上，许多研究和经验都表明，如果某技术能够更好地辅助人们开展工作，那么年长员工有机会接受相关培训后同样非常容易学会并且接受新技术。

获得培训是帮助老年人继续追求职业发展的一个关键因素，是让他们通过提升技术、发展专长及增强智力来切换到新角色的途径。我做国会图书馆首席运营官时，曾经发起过一个项目，就是让人们（其中有些人在自己专业领域是领军人）与技术专家（通常是年轻员工）进行交流。图书馆馆长詹姆斯·比灵顿博士将年轻员工称为"学海领航员"。通过运用先进技术，那些以往只有到了华盛顿特区国会图书馆才能找到的史料、手稿、地图以及录音，现在都能通过网络让人在学校课堂、各个图书馆以及在世界各地看到、体验到。这个项目的效果令人大吃一惊，对于图书馆的管理员来说，这给他们呈现出了一种分享知识的全新方式。对于互联网技术专家来说，他们从项目当中获得了所需的经验。而对于用户而言，这让大家能更有兴趣学习历史。图书馆里的许多员工们——其中大部分在图书馆工作多年且年纪比较大了——告诉我，这让他们在工作中看到了新的曙光。这次活动后，我们留下了许多优秀的员工，没有让这些极具才华的人才流失，为他们提供了更广阔的平台来展示自己的知识和才能。

互通有无，教学相长

一次又一次，我看到年长员工作为职业导师带来的各种益处。他们帮助年轻员工提高工作技能，将自己多年积累的技能与知识传授给年轻员工，并指导他们肩负起责任、惠及下一代人。同样，刚出校门的新进员工也可与老员工分享最新的技术、方法与理论。我领导退休者协会基金会时，创立了一个名为提升老师的项目。这个项目让年轻的志愿者从基础开始教年长员工如何使用台式或笔记本电脑、平板电脑和智能手机。后来，这一项目和基金会其他项目一样，在美国各地推广开来。

这种将高级技术青年与老员工配对的做法在世界上越来越受欢迎了。年纪较大的人可以向年轻人学会如何注册社交媒体账号，而年轻人则能从经验丰富的行业人士处聆听一堂非常有用的商业实践课。自从通用电气首席执行官杰克·韦尔奇倡导其500名顶级高管开展实践，向层级较低的年轻人学习如何使用互联网，越来越多的高管已经将这种反向辅导视为常态了。在线支付平台贝宝的全球平台和基础设施副总裁斯里·悉瓦南达说得很对："我已经从前辈那里学以致用了，而关于潮流的相关知识，我需要另一拨完全不同的人来相助，那就是公司里的年轻员工，他们掌握着潮流与信息的钥匙，而我以往是接触不到的。"

开创职业新生涯

莱斯特·斯特朗三年级时，一个老师告诉他的父母，让这孩子接受正规教育简直是浪费时间。冥顽不灵的他，以后注定要靠体力谋生。老师还告诉他的父母，莱斯特简直不可能靠自己过上独立的生活。为了强调这一点，老师还将他的桌椅搬到走廊上，远离其他学生。听了老师的话，他的父母备受打击。

莱斯特父亲的学历才到初二，他们对自己教育孩子无能为力。在斯特朗家里的八个孩子中，莱斯特显然又是个倒霉蛋，永远没有机会接受优质教育。

幸运的是，莱斯特还有三位老师认为他资质不错，很有可能会成功。于是，他们和莱斯特一起努力。老师们认真检查他的作业，审核他的成绩单，并教他在学校如何表现。除此之外，最重要的一点是，他们给了莱斯特希望与信心，这让他改变了对自己的看法。尽管莱斯特不得不重念三年级，但到了四年级，他一跃成了优等生，最终以全校第二的成绩从高中毕了业。这时的他获得了国家优秀学者奖，带着奖学金去了戴维森学院学习，然后又去了哥伦比亚商学院深造。

后来，莱斯特从最底层记者做起，最终成为《波士顿每日新闻》的主持人，一做就是很多年。他的职业生涯取得了空前的成功。

直到这时，莱斯特仍没忘记自己在高中三年级时的经历，或者说是没有忘记改变了他人生的那三位老师。"我感到命运在向我召唤，让我去做更有意义的事。"莱斯特说，"我想要回馈社会，防止有些孩子被简单粗暴地定义为废人，就像我当年那样。"因此，莱斯特60岁的时候，他毅然放弃了电视新闻主播这一光鲜的事业，开始了新的职业生涯，成为经验学生联合会（现退休者协会基金会下属的经验联合会）的首席执行官。这个组织招募了许多50+的志愿者们，指导从幼儿园到高中三年级的孩子们，如莱斯特以前所接受过的指导一样。今天，退休者协会的经验学生联合会已有2000多名志愿者，年龄均在50+岁以上，面向全国211所学校，从幼儿园到三年级有近32000名学生，致力于提高孩子们的读写能力。

莱斯特的故事说明了这世界上的工作发生着怎样的变化。据估计，美国有900万人已经开始仿效莱斯特追求职业新生涯，另有3100万人表示对此有兴趣。

像经验学生联合会这样的再创事业,是再创网站首席执行官马克·弗里德曼的点子。一份"再创事业"就是在人生的后半段继续工作,继续创造社会影响,努力实现人生目标并且往往会因此带来不断的收入。马克将再创事业看作替代了旧有的退休目标,将自由地脱离工作,改为自由地从事工作。这其实也是在指人们如今变老的方式。

我们在设计我们的后半生时,就是在破除关于变老的陈旧观念和刻板印象,并且激发出新的解决方案,让更多的人得以自由选择他们变老的方式。这就是开创职业新生涯所讲的一切。像莱斯特一样追求职业新生涯的人们,就是变老的阻断者。他们挑战过时观念,通过工作为人们展现从事一份包含个人意志以及社会正能量的工作是极有可能的。

有助思考的间隔年

我的孩子们在高中毕业时,他们的朋友当中会有一些人利用一年时间来弄清楚自己下一步该做些什么。现在,步入中年之后,越来越多的人也会用一个间隔年来打破习惯的生活,重新充电,并考虑下一步自己想要做的事。很多人会利用这段时间旅行、做志愿者、学习新技能、参加生活规划的小组讨论、参与一个大项目,甚至给自己放个大假。无论如何去使用这段时间,他们都发现间隔年给自己带来了关于未来的新视角,有时还会引发想要做些改变的思考。

如今在美国，一个人退休一两年后再重返工作岗位已经不是什么稀罕事。换句话说，这些人就是把退休作为一个间隔年，利用这段时间思考自己下一步要做的事情。

人口老龄化带来了人口结构的变化。在这种背景下，青年人带来的数字文化与想象力，与年长者经过岁月而沉积的经验与智慧相融合，给企业和各类机构创造了有利契机。同样，对年长员工而言，这更是考虑如何将自己多年积累的经验用以提升职业发展的大好时机。

在美国，越来越多的企业和各类组织将年轻人和老年人汇聚在一起，并肩工作。这需要年轻人和老年人之间培养起相互学习、相互尊重的文化氛围。这也需要企业管理者提出在这种模式下工作的新思路。管理者应该为留存年长员工的智慧、知识与经验创造机会，并为了适应这一群体的需求和愿望而创造更合适的工作条件。这种管理新思路，对年龄层混合工作模式能否持续下去至关重要。

人们需要找到更好的方式帮助员工带着工作经验向新的职业生涯进行转换；人们也能从更好的角度找到知识共享的途径，提供更多让代际员工之间相互指导的机会；人们更需要开展工作和参与社会的新途径，如从头立业，让有需求者能够追求自己的目标，有所作为。

其实，不只是年长员工如此，对所有工作中的人来说，寻找新的解决途径都尤为重要。随着垮掉的一代和千禧一代的职业发展，工作与退休的界限将变得更加模糊。为了赚钱享受更长寿的生活、更多地奉献社会，工作对于每个人而言显得愈发重要，需要拓展更多的选择让每一个人满足参与其中。

表面上看起来，接近传统退休年龄时，人们的工作已接近尾声。但如今越来越多的人在此之后仍然选择继续工作。这个越来越普遍的现象，也在提醒人们这不是件坏事。

因为，打破一些陈旧观念，能让人们把更多经验注入一份职业中，从而去发现人生中最有意义的工作。

行动起来

50岁以后，如何找一份新工作

10年之后，我们所谓的"工作"又将会是什么样子呢？对你而言，最重要的事情将是什么？这里有几个问题能够帮助你厘清思路。

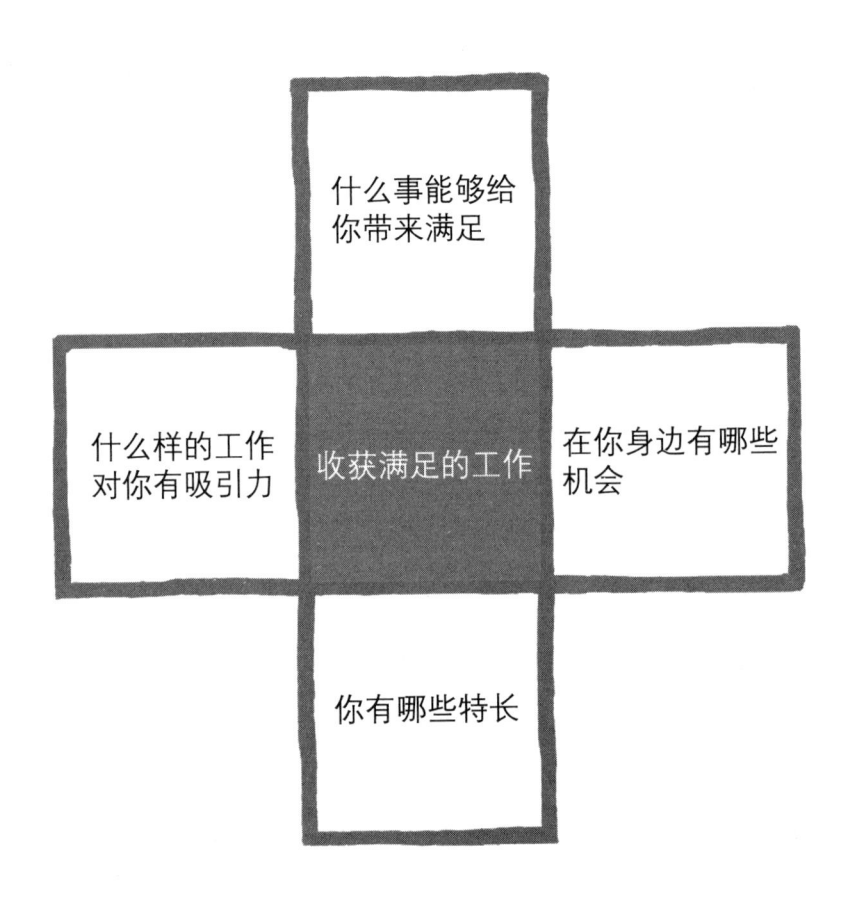

```
         ┌─────────────┐
         │ 什么事能够给 │
         │ 你带来满足   │
         └─────────────┘
┌──────────┐┌──────────┐┌──────────┐
│什么样的工作││收获满足的工作││在你身边有哪些│
│对你有吸引力││            ││机会        │
└──────────┘└──────────┘└──────────┘
         ┌─────────────┐
         │ 你有哪些特长 │
         └─────────────┘
```

什么事能够给你带来满足？

无论是从个人情感还是职业诉求来讲，什么事能让你能量满满？你从哪里能够获得快乐？什么样的工作能给你带来活力（是解决问题、组建队伍，还是享受别人对你的需要？）

你有哪些特长？

你具备哪些技能？你在哪些方面较为突出？想想那些能在家中施展的长处（比如厨艺、讲故事、组织能力强）以及在工作中的特色（比如善于教书育人、修理卫生管道、客户服务周到）

什么样的工作对你有吸引力？

全职还是兼职？周期性的还是零散咨询？做志愿者还是导师？

在你身边有哪些机会？

你理想的工作与身边的机会能否找到契合点？什么样的工作受欢迎？什么样的人才最紧缺？谁的工作正吻合你的期待？

第八章

新式老年生活

> 你永远不能以过去论将来。
>
> ——埃德蒙·伯克

2014年9月,我第一次踏上美国退休者协会在加利福尼亚州圣地亚哥举行的"理想@50+"全国会员活动会的舞台,发表主题演讲,鼓励8000名与会人员一起重新设计百岁人生。从那时开始,来自美国各地的响应源源不断。事实证明,这种声音是50+的人们一直期待听到的。来自美国各地的人们不停地与我分享自己的经验。他们告诉我,尽管他们不想像父母那样年迈无助,但却也不知道该如何准备。他们急于改变社会中关于老年生活的陈旧论调,在很多无意识的情况下,开始了重新设计百岁人生观念的传播。他们还想获得更多的选择,好决定自己变老之后如何生活。他们想要更好的解决方案帮助他们独立，可以有尊严、有目标地老去。他们已经做好准备开启新的人生旅程。我也一样。

我之所以想要写这本书，是为年过 50 之人提供一条新的人生航路，为美国各年龄阶段人士对自己当下的生活和老年前景打开新的视野。我对老龄化的认识与我父母的经验并不相同，我与我的孩子对变老的认识也完全不同。当经历人生中的纪念日如生日、孩子的毕业典礼时，我都不禁会想我的父母是如何度过他们人生中相同的纪念日的。我的母亲在她 57 岁时喜欢些什么？当我大学毕业时，我的父母又在做什么？他们如何审视自己充满纪念日的人生？这些思考，可以让我打开眼界，真正意识到两代人的生活中发生了多少变化。

今天，我们步入老年的方式，与上一代人甚至 10 年前都大相径庭。诚然，我们享有更长的寿命与更健康的身体，且远不止这些。我们不仅在生命的尾端追加了更多的岁月，还将中年阶段延长，实际上是创造了一个新的生活阶段，开辟了一个崭新的老年世界。而且我们刚刚开始全面而深刻地了解、探寻这些可能性。

在今天，年过 60 的人口数量远超过 15 岁以下的儿童人数。根据人口学家预测，现在出生的孩子，有 50% 可能会活到 100 岁。有些人还认为，地球上第一个寿命将要达到 150 岁的人已经诞生。

这是一个激动人心、令人难以置信的时代。在 5~10 年前，许多组织和公司对老年人问题毫无兴趣，甚至不想知道当今社会老龄化的进程，而如今已置身其中，成为推动老年新观念的一分子。

第八章 新式老年生活

10年前，我们不得不求着名人登上退休者协会所办杂志的封面；如今，越来越多的名人主动表示希望成为我们杂志的封面人物。企业家和创业者正在以50岁以上人群为目标，提供着一系列令人难以置信的产品和服务。研究和技术的进步正在推动几乎每一个领域的创新，影响着人们步入老年后的生活能力。科学还在延长生命的可能性，而人们当下的任务就是要弄明白自己想要如何度过这些岁月。

尽管有很多令人兴奋的发展正在改变人们步入老年的方式，但在美国，许多关于老年问题的讨论仍然将这些方式视为一类需要解决的问题。而这些讨论所提供的解决方案都是为了避免美国老龄化的危机。这是一个有根本性错误的前提，每天有数百万人都在证明这种观点的荒谬。关于老年问题的讨论，绝不应该是谈论如何避免老年危机，而是应该讨论如何利用人们拥有的机会，让个人以及整个国家可以繁荣发展。

美国的传统文化、社会制度、社会支持和基础设施并没有跟上科学技术和创新发展的进步，而这种进步与美国人的养老方式又息息相关。这才是如今美国人实际需要讨论的话题。无论在哪里，人们都应该摆脱关于年老的过时观念与刻板印象，努力寻求新的解决方案。如此一来，人们才更有可能选择自己想要老去的方式。这意味着那些不能与新模式契合的做法会被淘汰；能契合的方式则会不断被更新，以便将来能够持续地运作下去。这就是阻断衰老所包括的一切。

被延长的中年

老年人的四大自由

1941年1月6日，第二次世界大战前夕，美国的富兰克林·德拉诺·罗斯福总统在国会联合会议发表了他的国情咨文。罗斯福总统在讲话中提到，应当终结第一次世界大战以来的孤立主义政策，并提出了"四大自由"的新概念，即言论自由、信仰自由、免于匮乏的自由和免于恐惧的自由。罗斯福总统的"四大自由"观点成为美国民众支持美国参与第二次世界大战的最大理由。"四大自由"的观点与美国人民对国家基本价值观的陈述有着共鸣。时至今日，罗斯福总统的"四大自由"观点仍是美国生活基本价值观的最好描绘。

罗斯福总统的"四大自由"观点唤醒了当时的美国人，让大家意识到世界正在发生的一切并采取行动。与此相同，我也确立了老年人的"四大自由"，这将为美国人的老年生活描绘一幅新的愿景，并激励人们积极设计自己的百岁人生，将这一愿景变成现实。

选择的自由

关于老年生活问题，没有也不应该有一概而论的解决方案。

如果你想遵循传统的退休路线，也完全可以做出自己的选择。而如果你想要一个更积极、可以充分投入的新人生，就应当去追求自己的目标。无论是想继续在家中享老，还是年老后搬进退休之家去生活，或者住在某家养老机构中，每个人都应该可以自由选择这些选项。

赚钱的自由

大多数人对退休的认识，就是可以不用再去工作。而如今，人到中年后的重心其实应该是可以自由地去工作。年过半百后，有很多人还想要或是必须要继续谋生，且想通过从事的工作带给社会一些改变。这就需要人们对工作进行重新构想，打破之前的社会制度障碍。

学习的自由

世界正发生着飞速的变化。新的技术、新的沟通方式、新的信息获取途径，有时的确让人难以跟上它们更新的脚步。如果人们希望在自己中年后更长的时间内继续和社会保有关系，投身其中，维持生产效能，就需要继续保持学习。如果我们想继续工作，就需要继续学习才能跟上工作中技术更新的节奏。我们需要继续学习避免被孤立。我们需要继续学习以实现个人的目标，或者单纯只是为了享受生活。但是，人们必须面对的现实是：随着年龄的增长，继续学习的机会相继减少。很多情况下，上了年龄的人就丧失了学习机会。因此，设计自己的百岁人生时，人们必须打破这种障碍，真正实现活到老、学到老。

追求幸福的自由

发现和实现自己的人生目标，这就是幸福的全部含义。生命的延长，让人们有更多机会实现自我。人过中年后，渐渐不需要为了打拼事业或抚养孩子而日复一日地过着自己并不喜欢的生活，不再承受因此而带来的压力。许多人步入中年后，开始学会听从内心的呼声，积极发掘并专注实现自己的人生目标。人们越来越有能力重新构想并改造自己的生活，从而寻找到实现自我的新途径。

美国民权领袖A.菲利普·伦道夫曾敏锐地觉察到："自由永远不会被给予，而需要赢取。"

因此，如果我们想要实现老年人的"四个自由"，实现自我，就必须共同努力，一起创造一个更好的社会，使得每个人都能获得一份实现健康、有尊严地独立生活所需要的关怀服务。同时，人们还需要资金和机遇，以便与延长的人生相匹配。这样一来，老年人对于社会而言才是具有鼓舞人心力量的群体。

想要获得以上种种自由，我们每个人都必须开始行动。我们不能坐在一旁奢求他人为我们争取自由，我们必须亲自上阵。因此，在与家人和朋友的对话中，你将会挑战怎样的观念呢？我们需要改变的不仅是文化，还有提供给老年人的基础设施，如日常

第八章 新式老年生活

生活中每天都会遇到的体系、项目、产品与服务等等。在生活和工作中,你会发现怎样有趣的解决方案呢?在你所做的一切当中,想象你能为自己和他人创造出哪些新可能。

你将怎样设计你自己的百岁人生呢?

21世纪,重新设计老年生活是人们对创造一种新式老年生活愿景的呐喊。我们的新愿景是建立一个年老但不衰退的世界。它关乎成长。它带来的不仅是挑战,更创造了新的机会。老年人不再是负担,而是贡献者。

我真诚地相信,年龄和经验可以为每个社会成员拓展生活中的可能性。当我们重新设计老年生活并把年老作为可期待而非恐惧的东西时,我们便能肩负起责任,发现实现自我的真正可能,并建立一个任何人都会因为他是谁而获得重视的社会,而非根据其年龄来判断价值。

chapter 8
附录

一起破除陈规：写给所有与老年相关的政府机构、商业和社会团体

> 你若只与摆在眼前的现实做斗争，就永远不会改变它。想要改变，就要建立新的模式去革除旧物。
>
> ——理查德·巴克敏斯特·富勒

2015年，《医疗保险和医疗补助计划》设立50周年，《美国老年人法》诞生80周年，《消除年龄歧视就业法》至此也历经了40个春秋。这些公共政策和上百种类似的政策在美国颁布之时，人们的平均寿命还没有今天这么长，关于变老的概念也与今日大有不同。例如，1935年，当《社会保障法》诞生时，男性的平均预期寿命为60岁，女性的也只有64岁。而今，男性平均寿命可达76岁，女性则为81岁。毫无疑问，社会保障、医疗

保险以及医疗补助这类公共政策在帮助人们改善生活、活得长寿的过程中发挥了重要作用。

在美国，政府也曾多次对政策进行了调整，让人们的老年生活更加美好，让基础设施来适应老年人的需求。事实上，美国还有许多项目、机构、政策，某种程度上还有文化，尚未跟上当今老年人生活的节奏。很多还是为20世纪的生活方式设计的，不足以支撑人们今天的生活方式和水准。

随着婴儿潮一代的老去，我们这是第一波年逾70的人群，现有的基础设施和服务体系随着人们的老去也越来越过时。所以，正如婴儿潮一代的诞生打乱了美国的文化和社会制度一样，这一代人的老去也会带来相应的变革。

正如前几章中提到的，许多人开始思考自己老年时的人生目标、努力保持身心健康、想办法增加财务来源的时候，就已经是在阻断衰老的进程了。我谈到过如何在健康管理、适应社区、计划工作与退休生活等方面做出改变。在这一章中，我想和大家探讨一下我们正在努力寻求改变的规章、政策、计划与机构设立。这些改变支持人们享有更长久的人生。虽然所述并不详尽，但确实代表了退休者协会关注退休者的优先事项。我希望能够抛砖引玉，激发大家提出其他新的想法，找到能更好完善、调整基础设施建设的方案。让每一个人在21世纪都能享有更美好的老年生活。

附录　一起破除陈规：写给所有与老年相关的政府机构、商业和社会团体

保持健康需要面对的问题

如今，越来越多的人谈及保持健康时，已将目光从治疗疾病转到追求健康幸福。这时候，人们需要相应政策措施的保证和相关机构的辅助，才能确保步入老年后，能够得到真正所需的护理，获取所关心的信息以及健康生活所需要的服务。

提高医疗系统的效率

美国目前的医疗体系姑且可以称作"病人护理"系统。只要负担得起，它确实能帮你治疗疾病，但它在维持健康方面的作用微乎其微。如今，在美国，政府在健康保障方面的政策已经有了一定的积极发展态势。譬如，《平价医疗法案》当中就包括一项侧重于预防疾病的措施。国家老年人医疗保险制度也提供了免费的投保前体检。所有的一切都仅仅是一个开始，人们需要做的还有很多。

我们退休者协会，置身于时代前沿，确立了需要予以重视的关键领域。我们努力推动整个体系高效运转起来。作为消费者，人们能够发挥一定作用去推动体系运转，但更多的责任在于体系的提供者、自助者以及决策者。国家应通过预防疾病来降低医疗

成本，而不是将成本转嫁给患者或消费者。同样，国家还需继续开发新的交付模式。对于大多数人来说，医疗保健是不协调不均衡的，其成本也让人越来越难以承受。

《患者保护与平价医疗法案》（ACA）中包括几项旨在解决支付能力和医疗质量问题的规定。例如，新的医疗保健和医保创新中心将针对减少开支、提高医疗保健质量开展付款和服务提供模式的测试。该中心将侧重于开展改善医保协调、服务质量以及服务效率的项目，同样还会拓宽支付手段并进行实际改革。其他规定还包括对新兴的医疗模式授权开展试点，比如医疗养老院以及其他负责任的医疗机构。

我们需要继续推进这项工作，并为广大的医疗保健提供者创造新的激励条件，并为医疗保健受益者提供新的思维方式。这包括创新解决思路，比如拓展支付手段上的创新，促进医疗价值而非医疗体量，形成更好的护理协调机制（如确保医生和其他相关人员有良好的沟通），采取降低药物成本的措施，为消费者提供有关服务成本和质量的更加全方位的信息，努力将医疗保险计划变得更加高效，减少资源浪费。这些步骤将会节省更多资源，推动降低私人保险业的创新成本，而最主要的就是帮助人们保持并变得越来越健康。

我们所有人都将获利于这些创新手段，受益于其他能切实改善我们所接受医护质量、降低医疗成本的改革。在医疗护理方面大谈"创新"看起来似乎有悖常理，但我们能将其实现的一种方

附录 一起破除陈规：写给所有与老年相关的政府机构、商业和社会团体

式，就是运用最古老的方式，让医生到最年老、最脆弱的患者家进行家访。根据华盛顿特区Medstar健康机构的调查，这项创新已经证明了医疗保险确实为年龄最大群体节省了17%的成本。

在美国，提高医疗系统效率的一个好办法就是将整个系统公开透明。实际上，这对改善医疗体系而言至关重要。然而负担大多是落在利益相关者身上，包括医院与医生、保险公司以及政治家。但只有当消费者努力寻求的时候，才有可能获得信息的透明。作为医疗保健的消费者，我们往往无法掌握能帮助做出合理决策的信息，看不到医疗保健的真实价值。透明度、合理的价格以及可知的质量是我们在其他市场上不可置疑的因素，但在医疗保健领域却无法实现。医疗保健所带来的越来越大的经济负担已让人们难以招架，人们在医生、医院以及保险公司面前摇尾乞怜，而系统和规章措施的复杂程度让人们难以理解，也对此束手无策。人们需要掌握从业者更加透明的信息，需要告诉相关负责人，通过推行相关法律、实施法规，医疗体系将变得更加透明、友好。

国家老年人医疗保险制度

美国有数千万的老年人依靠国家老年人医疗保险制度，才能得到有保障、能负担的医疗服务。2014年，国家老年人医疗保险覆盖了5380万人，供给开销为6130亿美元，收入5990亿美元。平均下来，每位参保人通过医疗保险的获益为12179美元。到2020年，预计将有640万美国人能够得到老年人医疗保险制度的

保障。然而，最新的医疗保险信托报告显示，美国人在医疗保险上的支付能力仅能维持到2030年，这表现出医疗保健成本之高昂是国家老年人医疗保险制度在财务上的严峻挑战。因为有太多的人要依靠医疗保险作为支付的主要手段，所以我们必须要解决的是长期偿付能力。需要采取适当的完善措施，才能支撑人们从容面对未来的老年生活。

我们不能为了省钱就裁减开支，而是要以更加负责的解决方式减少保险制度的成本，寻找吸引资金的可能性。政策制定者在寻求减少或减缓医疗保险费用增长时所能想到的解决方法无非两种：要么减少服务数量，要么将这部分费用转嫁到消费者头上。无论哪种方式，最终都会让消费者来买单。人们对此还是可以做一些事情让医疗保险变得更加高效便宜。首先，可以改善护理协调问题。大多数人步入中年后，往往要同时面对许多医生。有一个事实必须认清楚：这些医生之间并没有非常好的沟通，这往往会让我们自己来做这份协调的工作。在技术如此发达的当下，这样的协调工作必定是非常简单的。良好的协调有助于大大避免重复的检查，更加高效地运用医疗科技，减少不必要的程序和服务。医疗保险费用也可以通过解决药物价格飞涨、深挖打击欺诈和药物滥用问题而得到缩减。所有这些方法都将有效改善我们的医疗体系，同时节省医疗保险制度的开销。

附录　一起破除陈规：写给所有与老年相关的政府机构、商业和社会团体

应积极辅助家庭护理人员

现如今，约有4000万美国人要照顾他们年迈的父母、配偶或其他离不开人照顾甚至需要人在医院陪护的亲人。这囊括了家政、决策、洗澡、穿衣、安排问诊、个人财务、药物管理、伤口护理以及交通等一系列问题。据估算，这部分活动每年所产生的经济价值将近4700亿美元，如果家人不再能够提供这样的看护，我们的公共系统开支就会猛涨。所以才会说，制定政策、建立全国的战略体系、升级基础设施对深入了解、支持家庭看护者工作而言是至关重要的。

各州为了解决家庭护理问题正在采纳并执行若干政策。例如，"看护法案"（《看护、建议、记录以及能力建设法案》）旨在帮助家庭护理人员，当他们的亲人进出医院时，该项法案能够帮助家庭护理人员解决财务上的困难。其中包括统一成年人监护和保护诉讼管辖法的实施，确保了成年监护法律在各州保持一致，并得到遵守。"统一授权权力法"对于授权委托法律而言也是一样的。有些州也给予家庭看护者少量的税收抵免，使家庭看护者在使用自己的钱来照顾亲人的时候能得到一些救济。美国退休者协会的看护资源中心（www.aarp.org/home-family/caregiving）为大众提供了美国境内有关护理的相关政策信息，并对相关资源进行了整理。

如今，美国有些州明显增加了老年人获得国家资助服务的数量，例如家庭护理和成人日服务。同样，还有许多州增加了对临时护理服务的资金支持，让家庭看护者在艰难时期得到片刻休息。

还有一些立法建议，要求删减繁文缛节，允许高级护士担任初级病例或急性病例的护理记录人员，这能让护士指导家人如何伺服病人用药，定期与消费者接触及回访。

其他涉及工作场所灵活性的立法建议，旨在帮助在工作中分身乏术的看护者。让这类人群通过国家对"联邦家庭和医疗假期法"的改进，或在雇主有薪或无薪休假政策的支持下，得以平衡家庭和工作的重心。

一些雇主通过参与 ReACT（尊重看护者时间）项目来支持护理人员。这是一个雇主发起的联盟，致力于帮助员工中的看护者们应对困难，同时也能减少对公司工作的影响。ReACT 的参与会员由超过 30 家公司和非营利组织构成，代表了近百万员工的利益。

降低医护人员的流动性

客观来说，不能指望让家庭承担照顾起老龄化人口的全部责任。事实上，美国在护理需求上面临的缺口与日俱增：现有的家庭看护者人数正在下降，并不太可能跟得上未来的需求。老年人急剧增加，家庭单位萎缩，需要人们找到新的解决方案来提供支持。过去那些以家庭继续作为老人生活支柱的建议依然被淘汰。未来的前景中，家庭看护者本身将需要更多的支持，才能应付必然到来的压力和负担。

美国退休者协会尚需数百万名具有多种技能、受过培训的工作人员。我们需要更多的老年医生、护士、心理学家、社会工作者、药剂师、理疗师、护理协调员和家庭健康助手。而且我们需要老师，来指导和培训所有在岗的工作者以及更多寻求这份工作的年轻人，需求量往往是巨大的，但薪水却总是微薄的。

家政人员，如家庭健康助理、个人护理服务人员和认证护理助理员同样供不应求。家政服务者提供服务与支持往往是最贵的，但是有自理需求患者的家庭看护者往往找不到合适的人选。这部分群体工资较低、受益甚少，员工的流动性高，护理质量更是良莠不齐。

解决这个问题的一个主要办法是扩大责任范围，以便吸引、留住护理人才。找到能够让所有具有培训能力、丰富经验和专业水平的护理人才充分发挥所能的办法，将大大有助于缓解人员短缺造成的服务缺失。建立服务者花名册也可以帮助消费者顺利找到家政服务人员。正如我们在第四章中所讲的那样，一些技术企业正在通过创新的互联网手段，将看护者与服务者的需求成功匹配。

被延长的中年

社会保障需要注意的方面

为了更长的寿命而寻求与之匹配的财务资源和机会是个巨大的挑战,需要公共政策和私营部门协同一致,努力为个体提供支持。我们曾在第七章阐述了劳动力与工作对阻断衰老的积极作用,但还需要其他政策和措施的配合带来改变。

自1940年1月艾达·梅·富勒第一次收到社会保障支票以来,社会保障一直帮助人们享有独立且有尊严的生活,是数百万美国人在一生中付出辛勤工作后得以顺利退休的基石。当一名工人死亡或罹患残疾时,它也为年轻家庭提供了重要的保护。社会保障的重要程度不容忽视:它代表着美国人赖以生存的信誉体系。2013年,社会保障使来自美国各个年龄层的2200多万群众摆脱了贫困。

2/3的美国人认为,社会保障是政府在人口和政治方面最重要的计划之一,近90%的30岁以下成年人期待着在自己退休时还能享有这份保障。

《2015年社会保障信托报告》指出,把美国现有的老年保障金、幸存者保障金和残疾保险基金加在一起,可供全额支付退休金、幸存者保障金和残疾人福利金约20年,此后则仅够支付其总

附录 一起破除陈规：写给所有与老年相关的政府机构、商业和社会团体

数的 73%~79%。如果不采取行动来解决社会保障金长期短缺问题，那么到 2034 年，福利就将缩减至少 20%。因此，人们需确保社会保障能够得到足够的资金，以此确保长期的偿付能力，同时继续为后代提供充足的福利。

在为未来的社会保障做打算时，人们必须在社会变革的前提下进行考虑，不仅仅是考虑短期之内如何让它顺利运转，更要把目光放长远。尽管目前的方案已经取得了巨大的成功，可它仍需要随时更新和赶上过去 80 年中的人口与经济变化，以满足众多家庭在未来对福利的需求。

社会保障是在一个有别于今日的历史背景下建立起来的，那时候大多数妇女在家留守，预期寿命在 60 岁左右。但时至今日，情况早已不同。如今，步入老年重新被定义。关于老年的概念在未来还会随着不同的时代相继改变。当下时兴妇女在外工作，但在过去社会保障制度是建立在"一人养家糊口"的概念之下的。我们不再按部就班地从接受教育走向工作直至走向退休了。我们可以在这些人生阶段中自由穿行。随着我们越来越多的人走向 80 岁、90 岁甚至更大岁数，能提供给老年人的福利就渐显不足了。

在美国，人们需要随着现实的改进，而更新社会保障制度。为了明晰具体的改进办法，我们需要保持行之有效的部分，根据实际需求做出必要的改变，稳步实现财务长期的稳定。这是个复杂的问题，不能听信一些政治家的理论，靠简单提高退休年龄或

减少福利来解决。它所涉及的是方方面面的问题，我们需要鼓励决策者遵循一些非常基本的原则，从而找到最适宜的解决方式。

第一，社会保障应当有足够的资金，以确保长期的偿付能力，提供必要的福利。第二，需要重申社会保障的根本性质。在我们设想的未来中，所有的劳动者和家人，在为工作辛苦付出了一辈子之后，无论他是残疾人士或是经历了至亲的离世，都能够生活在财务安全和稳定的保障之下，那么社会保障就必须囊括所有的劳动者，并让他们公平地贡献力量。所有的劳动者都应该享有一股红利。所有人都应当有所付出，才能享有这份保障。在此，个体、雇主以及政府之间的关系就显得尤为关键，需要各方的磨合。

第三，要考虑最依赖社会保障的那部分人群以及那些难以推迟退休年龄的人们。虽然社会保障能够覆盖几乎所有劳动者，但是对于帮助弱势群体而言还有很多可以发挥作用的余地。这其中就包括妇女，因为他们比男人的寿命更长，收入更低，并且要离开工作岗位花时间照顾、抚养孩子。

第四，改革要认清社会保障的核心要素价值，保留退休保障基础这一最大特点。尽管社会保障面临财政上的挑战，但劳动者及其家属仍将依赖该体系的核心要素。劳动者必须继续从社会保障中获得福利，才能为退休后的收入打下坚实的基础，保护他们免受通货膨胀的威胁，在他们受伤、生病、无法从事工作或早逝的情况下，其家属能够获得保护。社会保障应继续对人们的劳动做出奖励，必须继续保护人民免受经济波动的威胁，提供可预测

附录 一起破除陈规：写给所有与老年相关的政府机构、商业和社会团体

的、稳定且持续一生的福利。社会保障的成功在于其结构的完整，这一关键要素应该得到保留：它能够循序渐进，明确不能被舍弃的福利；提供通货膨胀保护；将人们的福利与收入挂钩。

第五，进一步的改善应反映今天的劳动力结构。不断变化的经济形势，增加了劳动者和社会保障自身的财务挑战。对于努力工作的美国人来说，安全退休的梦想越来越难以企及。大多数劳动者发现，想要成功退休太难，甚至没有可能提前退休。由于工资水平停滞不前，退休储蓄变得更加困难了。而收入上的不平等更是恶化了社会保障的财务状况，因为在经济体中，很大一部分正在增长的收入并不能作为社会保障体系的税收来源。社会保障体系必须应对这个现实。一份更新的社会保障计划必须解决过去80年的经济和人口变化问题，以便能够满足未来受益人及其家属的需求。另外，21世纪的社会保障体系对其受益群体而言应该更加友好。行政改革可以提高效率和透明度，使人们更容易了解领取福利的方式和时间。

最后，社会保障的更新必须确保政策的公平。应逐步对方案做出变更，保护现有受益人和离退休人员的利益。我们必须明晰如何确保那些对社会做出贡献的人，获得社会保障实实在在的福利。现在受益于社保体系的人必须知道，他们每天依赖的福利不会被减少或被抢走，而具有申请资格的人必须知道，他们所获得的福利承诺基于他们付出的多少。与此同时，还应该确保青年人和他们子孙后代的贡献能获得切实的回馈，并在他们老了的时候

能享有有尊严的生活。

工作与储蓄

虽然更新社会保障对于晚年能享有充足的资金而言至关重要，但这并不意味着会成为所有人退休收入的唯一来源（尽管大部分人如此）。我们必须设法鼓励和帮助更多的人为他们的将来储蓄更多资金。事实上，55岁以上的人中，几乎有一半人的储蓄还不到5万美元。难怪这么多人担心他们会把钱提前花光。

许多年轻人不存钱，他们有的确实存不起钱，有的认为自己存不起钱。真正的问题是，我们目前的政策和做法不鼓励或不容易让想存钱的人每个月哪怕只存上一点钱。现在还有5500万美国人无法通过其雇主参加退休储蓄计划——这个数字大约占18~64岁人口的一半——而且那些能够参加的人中，还有太多人不愿参加。现在有一半以上的私营单位甚至没有给员工提供储蓄计划，但是当雇主给工人提供退休储蓄工资扣除的可选方式时，他们参与的热情变得异常高涨。

用人单位其实可以做更多的工作，让人们更容易储蓄。很多能够提供401（k）计划或其他退休储蓄计划的用人单位，大都会要求员工加入该计划。但是，行为科学研究表明，那些自主参与的计划会增加员工的参与度，而能够自主提档的计划（例如，每次加薪时你都能增加退休储蓄金额），帮助人们随着时间的推移存上更多的钱。所以说，通过自主参与计划，雇主可以帮助员工保

附录　一起破除陈规：写给所有与老年相关的政府机构、商业和社会团体

有更多储蓄，让储蓄变得更容易。

人们还需要考虑公共政策建议，促进工作单位的储蓄。在美国，超过 20 个州正在提供或考虑提供为中小企业员工设置国家资助型退休储蓄计划（自助 IRAs 计划）。这些计划使企业员工更容易创建私人退休储蓄账户，帮助他们掌管未来的财务，并随着年龄的增长得以独立生活。这些账户很容易创建，不涉及雇主或政府，成本和风险都较低。

"工作和储蓄计划"也能让员工更轻松地得到更多储蓄，使他们能够拥有安稳且独立的未来。账户的建立基于自愿原则，员工自己决定是否参加。账户也具有可转移性，当员工转换工作时，他们可以带着"工作和储蓄计划"一起走。

鼓励人们储蓄的另一种方法就是对税法进行改革，通过提供更优惠的税收或可返还的存储积分来激励低收入劳动者存储。

存储积分到达一定额度，会给为退休储蓄的中低等收入纳税人提供特别减税政策，加大激励力度有助于帮助中低收入劳动者未雨绸缪。

作为一个社会整体，我们在提高公众储蓄意识方面还有很多工作要做，这是我们亟待解决的。我们对大众宣传，人们应该尽快增加储蓄，如果可能的话，尽量避免退休前提款。参加用人单位资助的退休储蓄计划或国家工作和储蓄计划的员工必须在整个工作期间维持缴纳储蓄金，方能集腋成裘。给员工提供简单的方法来为退休进行储蓄，也意味着将越来越少的美国人需要依靠政

府的社会安全最低保障，这将大大节省纳税人的钱。

管理并保护你的退休金账户

建立退休账户只是解决资金问题的一部分。人们正好需要更好的办法来帮助管理和保护它们。自从养老金固定收益计划夭折之后，管理退休储蓄的大部分责任转移到了个人身上，但这并不意味着我们必须独自操持。

在这个日益复杂的世界，理财能力比以往任何时候都更重要。然而，美国社会各阶层，特别是学生、妇女、低收入人群的经济状况很不理想，令人惊讶的是，还有50岁以上的人群也是如此。我们经常看到佐证——他们有的债务水平更高，而储蓄和退休计划的参与太少。总之，缺乏财务知识是使他们没有退休资金保障的主要原因。

我们不能仅仅通过在50多岁群体中开展金融教育来提高他们的理财能力。为了在晚年实现财务安全，就必须在前半生开始积累。所以我们必须从校园中的青少年、公司中的员工以及各个社区的家庭入手，提高人们的理财能力。

不幸的是，大多数人认为自己比实际上更了解个人理财。在所有工作者当中，近一半人对他们需要多少钱才能退休并没有概念。波士顿学院退休研究中心的研究结果表明，在几乎44%的尚处于工作年龄（36~62岁）的家庭中，有"一定可能"其退休储蓄不足。这对已经面临偿付困难的国家退休保障制度施加了更大

附录　一起破除陈规：写给所有与老年相关的政府机构、商业和社会团体

的压力。

通过在储蓄计划中采用"智能"自助功能，如自主登记、自助提档和自主重新平衡的模式，用人单位可以向员工提供财务资源和工具，帮助他们在财务上进行储蓄并做好资金准备。此外，各种在线资源和决策工具，如退休金计算器、社会保障金计算器和长期护理费用计算器，可以帮助我们面对日益复杂的金融环境。

美国民众还应该多学习、践行并与其家庭和社区分享审慎理财的核心概念。研究表明，父母是孩子形成积极财务态度和行为的唯一最大影响者。我们还需要寻求创新的方式，为弱势的老年员工和求职者提供帮助，通过教他们如何制定目标和实施行动计划来减少债务、恢复信誉，建立储蓄账户和从头掌管自己的财务。

管理资金的理财能力，一方面是为自己的财务弹性打下坚固的基础，另一方面更是整个国家经济增长与繁荣的重要组成部分。在美国，人们往往会向专业的理财顾问咨询——在哪里投资，什么时候调整投资，什么时候提款，提多少，有什么风险以及怎样权衡。虽然大部分财务顾问都在努力帮助我们保护和积累储蓄，但有些则不甚尽责。法律上的漏洞可以让许多理财顾问根据对他们最有利的方式提供信息，而不是站在退休客户的角度提供建议。我们需要改变这一点。在当今世界，为了退休而储蓄足够多的资金、实现我们的财务目标是非常困难的。我们不需要纵容金融业的利用而让我们变得更加困难，所有建议都应符合消费者的最佳利益。我们所需要的投资咨询，是真正为我们的未来着想、于我

们而言最恳切的投资建议。同时我们还需要一个标准，让所有华尔街的金融人士真正为我们负起责任，帮助我们为自己和未来做出最好的投资策略。

我们大多数人面临的另一个挑战是如何将我们的储蓄转化为延续一生的稳定收入。许多理财顾问给出的答案就是买年金。这消除了利率波动和通货膨胀的长期风险，同时能在一段时间内提供稳定的月收入。但是我们知道，只有6%的家庭拥有私人年金的收入。因为它同时也较为昂贵和复杂。当利率保持和今天一样低时，需要投入大量的资金才能产生适量的收入，因而很少有用人单位提供年金作为储蓄选择。除此之外，也有很多人不愿意用自己的生活储蓄投资年金。

话虽如此，但当人们老去时，年金不失为获取延续一生的收入的重要选择。金融服务行业正在开发新的终身收入产品来解决顾虑。例如，由于许多人不了解年金如何运作，有些公司现在可以在试用期内（也许两年）选择购买人生年金，以便让人们更熟悉这种投资。在两年试用期结束时，买方可以选择继续支付年金或一次性回收资金。另一种创新方式是鼓励参与储蓄计划的员工在工作生活过程中逐步减少对401（k）和其他计划的注资。在这种做法下，我们可以避免在职业生涯结束时将大额资金转换为年金，只需支付一笔或几笔款项。

人们需要改变理财规则，并用它来指导自己如何管理并保护自己的收入。我们不能无休止地为我们的未来能拥有储蓄而工作，

附录 一起破除陈规：写给所有与老年相关的政府机构、商业和社会团体

最终却只见钱因为法律存在的漏洞而凭空消失，而那法律的存在恰恰是为了帮助我们保护和管理退休账户的。

老龄友好型银行

金融机构在人们整个生活中发挥着关键作用。随着年龄的增长，人们与银行和投资顾问的关系发生了改变。当更加关注自己的财务未来时，我们希望获得财务安全，担心会把钱花光，需要确信自己的资产不会因诈骗和剥削而受到损失。我们需要获得能被自己信赖的服务并安全地开展理财。我们需要获得能帮自己做出明智决定的信息，并在真正需要之前就选择好理财顾问。老龄友好型银行的业务，不仅能解决所有有利于个人需求的业务，而且也有使金融机构受益的投资项目。

老龄友好型银行业务的第一个原则，就是防止发生针对老年消费者的财务掠夺和诈骗。这一问题的产生是因我们处于婴儿潮一代人的平均寿命延长了。在美国，超过50岁的消费者拥有了美国的大部分金融资产，而金融利益的剥削是蔓延最为迅速的一种虐待老人的劣行。

第二个原则，人们可以做更多的工作来增强老年消费者的能力，包括依赖于金融协助者的痴呆老人。现有的工具正予以助力，但人们需做的还有很多。银行员工需要接受更多的培训并培养意识。认知障碍的日益泛滥增加了协调难度。人们需要制定更多的策略来帮助那些工作难度颇大的金融协助者。

第三个原则,就是使银行更易于连接,便于浏览。无论是通过智能手机还是电脑,都可以数字形式轻松访问银行。只要想想那些有视力、听觉、行动或认知功能障碍的人所面对的挑战就会觉得这十分必要了。举例来说,所使用的书面和网络用语应该便于人们查看和阅读,移动终端或其他远程访问应该保证其安全,并且避免其过于复杂。

最后,老龄友好型银行应鼓励老年人获得金融资产的稳定,并帮助他们保护资产。目前有将近1700万45岁以上的美国人生活在经济困顿的家庭中。比起银行日常业务,他们可能更加依赖发薪日贷款。这种服务缺席的人群更喜欢通过银行达到财务的基本需求,因此也代表着银行和信用公司有着广阔的市场前景。

创建老龄友好型银行业务还需要更加广泛的专业知识,包括来自金融、银行界、老龄消费者的研究专家以及老龄社会团体。我们需要展示出现有的、能为50岁以上的人和他们的家庭服务的工具和业务,通过开发创新为他们提供更多帮助。例如,巴克莱就开发了一种名为"社区驾驶执照"的培训计划,指导员工如何更好地与弱势群体进行互动。员工就有关诈骗与盘剥、痴呆症、弱势群体以及服务可及性的问题接受了在线培训。巴克莱还采用数据分析手法,识别存在一定的遭遇欺诈和剥削风险的客户,目前正在测试如何能通过培训客户来保护他们。

我们还需要加强对银行职员的培训,打击欺诈甚至更广的犯罪行为,以求为老年消费者树立友好型银行文化。美国亚美利加

附录　一起破除陈规：写给所有与老年相关的政府机构、商业和社会团体

福克银行正是通过在其分支机构逐个开展"年龄友好冠军"竞赛，以此促进年龄友好文化的繁荣。这些冠军将获得额外培训，学习如何辨识欺诈或欺压型护理人员，并使员工能够为满足老年人需求提供信息和相关支持。他们还开创了老龄友好型产品和服务功能，如第三方监控支票账户、授权机构、自动账单支付和应付账款服务。这种第三方监控（也称为只读模式）能够授权家庭成员或朋友来监视老年人账户中可能会发生的违规行为，但不具备资金的获取和交易窗口。

最后，人们需要做更多的工作来教育消费者警惕欺诈和盘剥，同时包括对金融助力人员的特别指导和支持。俄勒冈州银行家协会就制定了一个旨在防止针对老年人的欺诈和盘剥的培训工具包，每家俄勒冈州银行以及各州的银行业协会都得到了这个工具包。在这种外联培训的作用下，俄勒冈州的银行现在是该州披露虐待老年人行径的第二大报道方。

老龄友好型银行业务，是帮助50岁以上人士在做财务决策或需要使用金融类服务时寻求专家支持，以解决财务所需和困扰。50岁以上人士是金融机构客户群体中的一大部分，具有独特而不断变化的银行需求，包括防止诈骗、知识性金融助力及其获取。通过满足这些需求，金融机构不仅能获得客户的信任和忠实度，也保护了自己的客户，使其免受诈骗和财务盘剥所造成的损失。

被延长的中年

打破成见，与各种障碍做斗争

随着年龄的增长，我们大多数人希望继续被视作社会中有用且具有正能量的一分子。相比老去的过程，我们更注重生活本身。我们还怀揣着使命和梦想，决心找寻和实现人生的目标。但是，当努力追求自我、实现个人想法时，人们往往会遇到障碍，阻止他们做想要做的事情，或让行事变得异常困难。有些困难是文化导致，而有些则是行为上的阻碍以及制度上的制约。阻断衰老的一部分，就是与这些障碍和制度进行战斗，让人们得以选择想要生活和变老的方式。

拒绝年龄歧视

拒绝年龄歧视是人们要守住的防线之一。在美国，人们无法接受种族、性别、性取向甚至对财务状况的歧视行为，但为何却容忍着那些歧视老年的人们继续蚕食50岁以上人群的观念呢？什么时候人们才能阻止它呢？体制当中存在的年龄歧视是人们无法充分融入社会的主要障碍。年长者代表了公民力量和经济增长的巨大源泉，但由于年龄歧视对他能力和作用的漠视，一部分人往往没有机会再做出什么贡献。我们必须抗击年龄歧视行为，但也要让人明白，社会中没有任何体制应该存有年龄歧视。

附录　一起破除陈规：写给所有与老年相关的政府机构、商业和社会团体

制造年长者回馈社会的机会

人们延长的寿命和普遍来说更好的健康状态，使大家得以看到越来越多新的机遇。人们可以通过参与自己认同的公民、社会与经济活动来促进社会的完善。问题在于，人们该如何设计并实施政策，以破除制度上的障碍，让年长者得以做出贡献呢？这是一个很大的挑战。这不仅志在创造更多的志愿者机会，而是选择新的基础设施，支持50多岁人群在公民、社会和经济活动中做出贡献，并将其纳入文化蕴含的社会结构当中。能看到变化的地方始于工作场所。在这里，我们看到越来越多的用人单位向员工提供志愿者计划。许多曾经认为这是件好事情的人，现在更把它当作重要业务来完成了。这些雇主赞助计划为员工提供了服务的机会，让他们的激情、技能和才干发挥到为社区的利益而奋斗当中。例如，在退休者协会，我们就提供了一个社区建设者项目，让员工们每年贡献出48个小时的带薪休假来做志愿者。根据非营利组织LinkedIn for Good的统计，超过400万的专业人士积极地在他们的领英个人简历上标明了他们对志愿服务感兴趣。

接受持续教育的需求

有句我们再熟悉不过的谚语,那就是"活到老,学到老"。对于50岁以上的人来说,这个短语具有新的意义。尤其是婴儿潮一代人,都正回到学校学习新技能或提升旧技能。有些人把自己丰富的经验教授给他人。其他人则会回到课堂上,找到了个人的志趣或增进点。还有很多人会回头寻求帮助,想明白如何从已经到达的中年,向中年之后的时光过渡。他们正在寻找目标感,试图制定前行的战略。他们找寻生活技能来帮助他们过渡这段生活。

各个学院和大学的课程一直都以很慢的、能跟上的节奏开展,社区学校也是如此。像美国诸多机构一样,高等学府的体系都是在人的平均寿命只有现在一半时设计的。但是仔细考虑,按照今日的预期寿命,如果我们正在设计一个新的教育机构系统,那么这些机构将主要是为了服务年龄在18~22岁的年轻人呢,还是会为更广大的人群根据他们不同的人生阶段而设计呢?美国高等学府系统需要拓宽视野,思考他们能为不断增长的、渴望继续学习的50岁以上人口提供什么。

其中一种方法就是,他们正在通过开发海量在线课程来满足各方需求。顾名思义,慕课(MOOC)可以在线学习。学员能够无限次参与课程,学成后可以获得大学学分或认证,或仅仅只是为了学到知识。除了传统的课程材料,内容还包括录像讲座、课程要求和阅读建议以及其他类型的练习,同时还提供互动式讨论

附录　一起破除陈规：写给所有与老年相关的政府机构、商业和社会团体

组。一些学生会找到同社区的参加相同课程的人们一起创建讨论小组，然后经常聚集在当地的咖啡店或图书馆中一起讨论讲座内容、阅读作业和课程材料。慕课在 50 岁以上的人群中受到广泛欢迎，他们只想重新感受学习的乐趣或者只是想要重返学校学习的氛围。慕课的灵活性方便愿意学习的人们继续学习、保持参与。

匹配生活的环境改良

如果环境与人们生活不适合，人们就需要调整公共政策与措施，使其变得适合，例如交通问题。大部分公共交通系统都是为了让职场人上下班方便。如果想下午乘坐一辆城市公共汽车去杂货店或去看医生，那么祝你好运，这几千米的路可能要花上两个小时。

2011 年，仅行人死亡人数就占美国交通事故死亡人数的 14%，其中近五分之一的人员在 65 岁以上。可悲的是，每两个小时就会有一个行人因街道不安全在步行道或人行横道上死亡。

为了解决这个问题，全国共有七百多个司法管辖区采取了安全街道政策（像我在第五章提到的纽约市的例子），其中有一半在小城市和农村地区。这些政策有时被称为"完整的街道"，因为在设计新道路或修复现有道路时，需要设计人员将所有道路使用者——行人、骑行人、公交车司机和轿车司机——考虑在内。研究表明，经过精心设计的十字路口、人行道、自行车道、延长的

被延长的中年

行人过路时间、利用倒计时交通信号灯等,均可大大减少人员伤亡和汽车碰撞事故。然而尽管做了这些努力,仍有太多的人不能安全地步行、骑自行车或乘坐公共交通工具到达想去的目的地。

当考虑人们如今如何步入晚年时,我们必须意识到,许多机构、社会结构和文化尚不能支持老龄化的社会。人们如果想要随着年龄的逝去而继续发展、成长,为社会贡献力量,就需要重新设计社会中的方方面面,如医疗保健、工作与退休、教育、交通、城市规划、住房以及社区发展。人们必须做变革发展的倡导者,打破成规。

所有人都可以在此发挥作用。埃塞尔·佩尔茜·安德鲁斯博士就本着响应群体声音的原则,创立了美国退休者协会。时至今日,矢志不渝。我们50多岁的人是强大变革的力量。在本文中,我讨论了我们需要做的一些重要改变。总体来看,我们知道自己需要做些什么。问题是我们有实现它的强大意愿吗?在年轻的时候,我们共聚一堂,抱有共同的目的、集结购买力,持之以恒地改变美国不合理的公共政策、社会制度,刷新人们的观念与文化。现在,随着社会的老去,我们需要再次围绕所面临的问题改变公共政策、社会制度、态度和文化。我们需要在美国任何一个角落都能听到我们的声音;我们需要让华盛顿特区的人、让首府、让社区听到我们的声音。我们从自身的改变做起,以我们的生活方式去带动他人。如今,在我们面前摆着巨大的契机。如果携手共同创造所需的社会，结合生活中的知识、创意、技术和智慧，我们可以抓住机会创造一个人人能享有独立、有尊严、有使命的老年生活的美国。

于我而言，这可以归结为：我们携手并进，通过挑战过时的观念与态度，改进公共政策和社会制度，创造新的解决方案，共同组织设计你的后半生的运动，从而选择我们想要变老的年龄。或者，我们可以继续迫使自己适应并生活在一个不再符合自己需求和想法的世界，使我们感觉自己像外人，中断继续发展、奉献和实现我们人生目标的前路。

人们会如何选择，一清二楚。

链　接

第一章

Carstensen, Laura L., Ph.D. *A Long Bright Future: Happiness, Health, and Financial Security in an Age of Increased Longevity.* New York: Public Affairs, 2011.

Dychtwald, Ken, and Daniel J. Kadlec. *The Power Years: A User's Guide to the Rest of Your Life.* John Wiley & Sons, Inc., 2005.

Freedman, Marc. *The Big Shift: Navigating the New Stage Beyond Midlife.* New York: Public Affairs, 2011.

Irving, Paul H. *The Upside of Aging: How Long Life Is Changing the World of Health, Work, Innovation, Policy and Purpose.* Hoboken, NJ: John Wiley & Sons, Inc., 2014.

Lawrence-Lightfoot, Sara. The Third Chapter: Passion, Risk, and Adventure in the 25 Years after 50. New York: Sarah Crichton Books, 2009.

第二章

Langer, Ellen J., Ph.D. *Counter Clockwise: Mindful Health and the Power of Possibility.* New York: Ballantine Books, 2009.

Thomas, Bill, M.D. *Second Wind: Navigating the Passage to a Slower, Deeper, and More Connected Life.* New York: Simon & Schuster,

March 2015.

第三章

Astor, Bart. *Roadmap for the Rest of Your Life: Smart Choices about Money, Health, Work, Lifestyle . . . and Pursuing Your Dreams.* Hoboken, NJ: John Wiley & Sons, Inc./AARP, 2013.

Cohen, Gene D., M.D., Ph.D. *The Creative Age: Awakening Human Potential in the Second Half of Life.* New York: Avon Books, 2000.

Huffington, Arianna. Thrive: The Third Metric to Redefining Success and Creating a Life of Well-Being, Wisdom and Wonder. New York: Harmony Books, 2014.

Leider, Richard J. and Alan M. Webber. Life Reimagined: Discovering Your New Life Possibilities. San Francisco: Berrett-Koehler Publishers, Inc./AARP, 2013.

Lucy, Robb. Legacies Aren't Just for Dead People: Discover Happiness and a Meaningful Life by Creating and Enjoying Your Legacies Now! Engage Communications, Inc., 2015.

第四章

Barry, Patricia. Medicare for Dummies. Hoboken, NJ: John Wiley & Sons, Inc./AARP, 2014.

Langer, Ellen J., Ph.D. Mindfulness: 25th Anniversary Edition.

Philadelphia: Da Capo Press, 2014.

Yagoda, Lisa, and Nicole Duritz (with Joan Friedman). Affordable Care Act for Dummies. Hoboken, NJ: John Wiley & Sons, Inc./AARP, 2014

第五章

Buettner, Dan. *The Blue Zones: Lessons for Living Longer from the People Who've Lived the Longest.* Washington, DC: The National Geographic Society, 2008.

In April 2015 the AARP Public Policy Institute launched the AARP Livability Index to help people determine how well their communities are meeting their current and future needs. Go to www.aarp.org/ Livability index and type in your zip code to see how your community compares with others in terms of the livability factors that are important to you.

第六章

Peterson, Jonathan. *Social Security for Dummies.* Hoboken, NJ: John Wiley & Sons, Inc./AARP, 2014.

Schwab-Pomerantz, Carrie. *The Charles Schwab Guide to Finances after 50: Answers to Your Most Important Money Questions.* New York: Crown Business, 2014.

第七章

Cappelli, Peter, and Bill Novelli. *Managing the Older Worker: How to Prepare for the New Organizational Order.* Boston, MA: Harvard Business Review Press, 2010.

Leider, Richard, and David A. Shapiro. *Work Reimagined: Uncover Your Calling.* San Francisco: Berrett-Koehler Publishers, Inc./AARP, 2015.

网络资料来源

Disruptaging.aarp

AARP.org

ChangingAging.org

Agelab.mit.edu

huffingtonpost.com/50/

aging2.com

bigthink.com

LifeReimagined.org

致　谢

　　正如单凭个人的力量无法阻挡岁月的脚步一样，本书的诞生也获得了众多力量的支持。由衷地感谢那些为此书贡献了才华、学识、经验以及智慧的人们。他们的贡献让此书得以问世。虽不能一一感谢，但我也必须在此对他们致以诚挚的谢意。

　　2014年9月，成为美国退休者协会的首席执行官后，我与我的演讲撰稿人博·沃克曼以及当时的首席通讯官凯文·唐奈伦（现为退休者协会的总参事）一起讨论我在国家博览会的发言。当时我们讨论到我作为首席执行官想达成的心愿。我说，希望在任期内我能够做成一件事，那就是要改变美国国内对年老的认知。博览会后，公众对我这次关于"岁月无阻"的演讲反响热烈。由此，我们才决定要写这本书。博和凯文在创作初期就给予了大力协助，我非常感谢他们的辛勤工作与坚定不移地支持"设计你的后半生"的信念。作为我的工作搭档兼著书伙伴，博为这个项目做了大量的努力。他和凯文帮助搭建了本书的思想框架，并坚持从个人视角反应社会中各式各样复杂的问题。

　　我也十分感谢公共事务出版社的编辑科琳·罗瑞。她是一位经验丰富的编辑，懂得如何包装一本书，更有着对项目的热情。

她对此话题的兴趣与日俱增，也激励着我们不断思考，产生新的见解。在此我还要感谢公共事务出版社的社长克莱夫·普里德尔，他全心全意的支持也让本书得以按时完成出版。由此要感谢他的出版团队：副社长杰米·莱菲尔、制作经理梅丽莎·雷蒙德以及各位参与此书出版的同事们。

如果没有退休者协会诸多富有才干又热心的同事们的帮助，这本书也是不可能完成的。维多利亚·萨克特是进行调研的重要帮手，审阅并评注了手稿；还有大卫·阿尔比、黛博拉·惠特曼和莱斯利·耐特福也为之付出了辛勤的汗水。

感谢我的两个助手——特里·格林和莫妮卡·威道夫对我的支持，根据进度要求帮助我管理时间；感谢退休者协会出版社的米尔纳·布莱斯和乔迪·利普森；我还要向退休者协会董事会和行政小组的同事们给予的支持和鼓励表示感谢；感谢由退休者协会同事芭芭拉·希普利领导的设计你的百岁人生团队中所有成员提供的支持，他们每天都在努力发掘设计你的后半生的新方法，让更多的人能够选择他们想要的生活以及老去的方式。

感谢值得信赖的山田·凯思顾问，以及给我宝贵建议的杰西卡·奥尔金和尼古拉斯·迈特雷。感谢贝琳达·兰克斯、安德鲁·赫斯特以及托尼·翁对本书的支持。

此外，老年社群的支持也让我备受鼓舞。这些领军人张开怀抱接纳了设计你的后半生的观念，帮助各个年龄段的人们意识到了美国老龄化问题的社会影响。

致　谢

没有家人的鼓励与支持，我也无法完成此书，永远感谢我的丈夫弗兰克以及我的孩子克里斯蒂安和妮可。

最后，感谢日复一日设计后半生的每一个人，特别是本书中那些故事的主角。你们是真正的设计者，必将成为后辈的榜样。你们每个人都以自己的方式生活，让岁月无阻的理念融入生活。没有你们的努力，设计你的后半生将不过只是又一个空洞的口号。但正是因为你们，昂首挑战着陈旧观念和刻板印象，创造出新的模式，让更多的人可以选择想要的生活和老去的方式。